海洋保护区生态补偿标准评估技术与示范

陈克亮　黄海萍　张继伟　赖　敏　陈凤桂　陈肖娟　编著

U0195445

海洋出版社

2018年·北京

图书在版编目（CIP）数据

海洋保护区生态补偿标准评估技术与示范/陈克亮等编著．—北京：海洋出版社，2018.11

ISBN 978-7-5210-0230-0

Ⅰ.①海…　Ⅱ.①陈…　Ⅲ.①海洋生态学-补偿机制-评估-研究-中国　Ⅳ.①Q178.53

中国版本图书馆 CIP 数据核字（2018）第 240383 号

责任编辑：杨传霞　程净净

责任印制：赵麟苏

海洋出版社　出版发行

http://www.oceanpress.com.cn

北京市海淀区大慧寺路 8 号　邮编：100081

北京朝阳印刷厂有限责任公司印刷　新华书店北京发行所经销

2018 年 11 月第 1 版　2018 年 11 月第 1 次印刷

开本：889mm×1194mm　1/16　印张：15

字数：280 千字　定价：88.00 元

发行部：62132549　邮购部：68038093　总编室：62114335

海洋版图书印、装错误可随时退换

《海洋保护区生态补偿标准评估技术与示范》
编写人员名单

主　　编：陈克亮　黄海萍　张继伟

副 主 编：赖　敏　陈凤桂　陈肖娟

编写人员：（以姓氏拼音为顺序）

陈凤桂　陈克亮　陈肖娟　黄海萍　姜玉环

赖　敏　李青生　李宇亮　刘　恒　刘进文

巫建伟　吴侃侃　张继伟

前　言

2012 年 11 月，中国共产党的十八大报告提出建设生态文明是关系人民福祉、关乎民族未来的长远大计，要求"树立尊重自然、顺应自然、保护自然的生态文明理念，把生态文明建设放在突出地位，融入经济建设、政治建设、文化建设、社会建设各方面和全过程，努力建设美丽中国，实现中华民族永续发展"。同时，十八大报告也指出"提高海洋资源开发能力，发展海洋经济，保护海洋生态环境，坚决维护国家海洋权益，建设海洋强国"。并明确提出建立反映市场供求和资源稀缺程度、体现生态价值和代际补偿的资源有偿使用制度和生态补偿制度。从生态文明到海洋强国，再到生态补偿制度，反映了中央对生态环境保护的重视程度。

2013 年 11 月 15 日，《中共中央关于全面深化改革若干重大问题的决定》指出要"实行资源有偿使用制度和生态补偿制度"。"加快自然资源及其产品价格改革，全面反映市场供求、资源稀缺程度、生态环境损害成本和修复效益。坚持使用资源付费和谁污染环境、谁破坏生态谁付费原则，逐步将资源税扩展到占用各种自然生态空间"。"坚持谁受益、谁补偿原则，完善对重点生态功能区的生态补偿机制，推动地区间建立横向生态补偿制度。发展环保市场，推行节能量、碳排放权、排污权、水权交易制度，建立吸引社会资本投入生态环境保护的市场化机制，推行环境污染第三方治理"。

2014 年 4 月 24 日，新修订的《中华人民共和国环境保护法》规定了"环境保护坚持保护优先、预防为主、综合治理、公众参与、损害担责的原则"，并提出国家建立、健全生态保护补偿制度。

2015 年 6 月，国家海洋局印发的《国家海洋局海洋生态文明建设实施方案》（2015—2020 年），中提出"实行海洋生态补偿制度，建立生态环境损害责任追究和赔偿制度"。

2015 年 12 月 27 日，中共中央、国务院印发了《法治政府建设实施纲要》（2015—2020 年），提出"深化资源型产品价格和税费改革，实行资源有偿使用制度和生态补偿制度"。并提出"健全生态环境保护责任追究制度和生态环境损害赔偿制度。对领导干部实

1

行自然资源资产离任审计。"

2016 年 5 月，《国务院办公厅关于健全生态保护补偿机制的意见》发布，提出了"到 2020 年，实现森林、草原、湿地、荒漠、海洋、水流、耕地等重点领域和禁止开发区域、重点生态功能区等重要区域生态保护补偿全覆盖，补偿水平与经济社会发展状况相适应，跨地区、跨流域补偿试点示范取得明显进展，多元化补偿机制初步建立，基本建立符合我国国情的生态保护补偿制度体系"。并在重点任务中明确了要研究建立国家级海洋自然保护区、海洋特别保护区生态保护补偿制度。

2017 年 10 月，中国共产党的十九大报告指出"要建立市场化、多元化生态补偿机制"。

《中华人民共和国海洋环境保护法》第九十条第 2 款规定，对破坏海洋生态、海洋水产资源、海洋保护区，给国家造成重大损失的，由依照本法规定行使海洋环境监督管理权的部门代表国家对责任人提出损害赔偿要求。

《中华人民共和国海洋环境保护法》及国务院赋予海洋行政主管部门的职责是："国家海洋行政主管部门负责海洋环境的监督管理，组织海洋环境的调查、监测、监视、评价和科学研究，负责全国防治海洋工程建设项目和海洋倾倒废弃物对海洋污染损害的环境保护工作"，"负责海洋生态和生物多样性的监督管理"。

2009 年至今，在国家海洋局、国家发改委、亚洲开发银行和福建省海洋与渔业厅等有关部门对海洋生态补偿制度和标准建设关键技术研究项目的资金支持下，课题组参与完成重要成果《中国生态补偿立法 路在前方》一书，并于 2013 年 7 月正式出版；2015 年 5 月，课题组编撰完成《中国海洋生态补偿制度建设》一书并出版。2015 年 2 月，课题组负责编制的海洋行业标准《海洋保护区生态补偿评估技术导则》获得立项，在导则编制过程中，由各个专题研究形成该著作。

本书共计 15 章，其中第一章概述部分，介绍了我国海洋保护区的概况，以及国外保护区的概况。第二章主要介绍海洋保护区生态补偿的法理依据。第三章阐述陆地自然保护区生态补偿评估的研究和实践。第四章介绍和分析森林、草原、湿地、荒漠、海洋、流域、耕地等生态系统生态保护补偿的理论与实践。第五章基于前文的理论和实践分析，阐述了海洋保护区生态补偿标准评估的总体思路。第六章和第七章分别对海洋保护区生态系统服务价值评估、海洋保护区建设与保护成本评估进行了论述。第八章论述了海洋保护区发展机会成本评估。第九章对海洋保护区生态补偿意愿价值评估进行了论述。第十章分析了海洋保护区生态补偿利益相关者的博弈。第十一章论述了海洋保护区生态补偿机制建设。第十二至十五章应用不同方法对几个海洋保护区生态补偿标准进行了计算。

　　本书第一章由黄海萍执笔，第二章由陈肖娟、陈克亮执笔，第三章由赖敏执笔，第四章由陈克亮、陈凤桂、赖敏、李宇亮、陈肖娟、巫建伟、吴侃侃执笔，第五章由陈克亮、赖敏执笔，第六章由李宇亮、陈克亮执笔，第七章由黄海萍、陈克亮执笔，第八章由陈凤桂执笔，第九章由赖敏、陈克亮执笔，第十、十一章由陈肖娟、陈克亮执笔，第十二章由陈凤桂、黄海萍执笔，第十三章由李青生、黄海萍执笔，第十四章由陈凤桂、黄海萍执笔，第十五章由赖敏执笔，张继伟对本书框架设计和关键技术进行把关，刘进文和刘恒参与了部分内容的编写和研究工作。

　　受作者的研究水平和能力所限，书中难免出现遗漏和不足之处，恳请广大读者批评指正。

目　录

第一章　国内外海洋保护区概况

第一节　我国海洋保护区概况

我国的海洋保护区分为海洋自然保护区和海洋特别保护区两大类型。海洋自然保护区，是指以海洋自然环境和资源保护为目的，依法把包括保护对象在内的一定面积的海岸、河口、岛屿、湿地或海域划分出来，进行特殊保护和管理的区域（《海洋自然保护区类型与级别划分原则》GB/T 17504—1998）。海洋特别保护区，是指具有特殊地理条件、生态系统、生物与非生物资源及满足海洋资源利用特殊要求，需要采取有效保护措施和科学利用方式予以特殊管理的区域。其中，为保护海洋生态与历史文化价值，发挥其生态旅游功能，在特殊海洋生态景观、历史文化遗迹、独特地质地貌景观及其周边海域建立海洋公园[1]。海洋特别保护区以可持续利用海洋资源为根本宗旨和目标，保护的是海洋资源及环境可持续发展的能力。从国际上对海洋保护区的定义、分类来看，海洋特别保护区是具有中国特色的一种海洋保护类型[2]。

一、海洋自然保护区

1. 概述

根据《海洋自然保护区管理办法》，凡具备下列条件之一的，应当建立海洋自然保护区：

①典型海洋生态系统所在区域；

②高度丰富的海洋生物多样性区域或珍稀、濒危海洋生物物种集中分布区域；

③具有重大科学文化价值的海洋自然遗迹所在区域；

④具有特殊保护价值的海域、海岸、岛屿、湿地；

⑤其他需要加以保护的区域。

海洋自然保护区分国家级和地方级。国家级海洋自然保护区是指在国内、国外有重大影响，具有重大科学研究和保护价值，经国务院批准而建立的海洋自然保护区。地方级海洋自然保护区是指在当地有较大影响，具有重要科学研究价值和一定的保护价值，经沿海省、自治区、直辖市人民政府批准而建立的海洋自然保护区。

海洋自然保护区可根据自然环境、自然资源状况和保护需要划为核心区、缓冲区、实验区，或者根据不同保护对象规定绝对保护期和相对保护期。

核心区内，除经沿海省、自治区、直辖市海洋管理部门批准进行的调查观测和科学研究活动外，禁止其他一切可能对保护区造成危害或不良影响的活动。缓冲区内，在保护对象不遭人为破坏和污染的前提下，经该保护区管理机构批准，可在限定时间和范围内适当进行渔业生产、旅游观光、科学研究、教学实习等活动。实验区内，在该保护区管理机构统一规划和指导下，可有计划地进行适度开发活动。

绝对保护期即根据保护对象生活习性规定的一定时期，保护区内禁止从事任何损害保护对象的活动；经该保护区管理机构批准，可适当进行科学研究、教学实习活动。相对保护期即绝对保护期以外的时间，保护区内可从事不捕捉、损害保护对象的其他活动。

按照海洋自然保护区的主要保护对象，将海洋自然保护区分为 3 个类别 16 个类型（表 1-1）。

表 1-1　海洋自然保护区类型划分

类别	类型
海洋和海岸自然生态系统	河口生态系统
	潮间带生态系统
	盐沼（咸水、半咸水）生态系统
	红树林生态系统
	海湾生态系统
	海草床生态系统
	珊瑚礁生态系统
	上升流生态系统
	大陆架生态系统
	岛屿生态系统

续表

类别	类型
海洋生物物种	海洋珍稀、濒危生物物种
	海洋经济生物物种
海洋自然遗迹和非生物资源	海洋地质遗址
	海洋古生物遗迹
	海洋自然景观
	海洋非生物资源

（1）海洋和海岸自然生态系统：包括河口生态系统、潮间带生态系统、盐沼生态系统、红树林生态系统、海湾生态系统、海草床生态系统、珊瑚礁生态系统、岛屿生态系统等。由于沿海地区人口密度过高，人类活动频繁，对海洋生态系统造成了相当严重的损害。从全球范围看，对珊瑚礁和红树林的破坏最为严重。除此之外，其他海洋生态系统，如河口、海湾、海岛、沼泽等也一直在遭受破坏。广东的湛江红树林自然保护区是以红树林生态系统为保护对象的。海南的三亚珊瑚礁保护区则以珊瑚礁及其生态系统为保护对象。

（2）海洋生物物种：主要是海洋珍稀、濒危物种和海洋经济生物物种。海龟、海豹、海狗、红珊瑚都是海洋中的珍稀物种，另外像文昌鱼、矛尾鱼、海豆芽等也都是遗存下来的古老物种。对这些海洋生物的保护，是海洋自然保护区的一个重要任务。如广西儒艮自然保护区、厦门白海豚自然保护区即是这一类。

（3）海洋自然遗迹和非生物资源：包括海洋地质遗迹、古生物遗迹和自然景观等。海洋自然保护区的任务是对其中具有观赏、研究价值的，具有代表性、典型性的景观、遗物、遗迹等开展保护。天津1992年建立的古海岸与湿地自然保护区就是以贝壳堤、牡蛎滩、古海岸遗迹、滨海湿地为保护对象的。

2. 保护区典型海洋生态系统

1）红树林

红树林为热带和亚热带海岸潮间带特有的盐生木本植物群落，通常分布在赤道两侧20℃等温线以内，热带海区60%～75%的岸线有红树林生长。受暖流影响，部分亚热带沿岸也有分布[3]。

国家级红树林自然保护区主要有北仑河口海洋自然保护区、山口国家红树林生态自然保护区等。

2）珊瑚礁

珊瑚礁是海洋环境中独特的一类生态系统，由生物作用产生的碳酸钙沉积而成，有着极高的生物多样性程度和生产力水平，生态学家常把它与热带雨林相提并论[3]。在暖水沿岸区有广大海域形成珊瑚礁，分布在南北两半球20℃等温线范围内。根据礁体与海岸线的关系，珊瑚礁可分为岸礁、堡礁和环礁三种类型。我国的珊瑚礁海岸，大致从台湾海峡南部开始，一直分布到南海。但是真正完全由珊瑚及其他造礁生物所形成的珊瑚岛直到16°N附近的西沙群岛才出现[1]。

国家级珊瑚礁自然保护区主要有徐闻珊瑚礁国家级自然保护区、三亚珊瑚礁国家级自然保护区等。

3）海草床

在热带和亚热带地区，海草床与红树林和珊瑚礁一样，是三大典型海洋生态系统之一[4]。除了提供可维持高物种多样性的栖息场所、鱼类的繁育场所以及为大型濒危动物提供食物之外，海草床还具有对沿岸生态系统提供其他重要生态服务的功能。

4）滨海湿地

滨海湿地是指海陆交互作用下经常被静止或流动的水体所浸淹的沿海低地、潮间带滩地及低潮时水深不超过6 m的浅水水域[5]，是陆地-海洋-大气相互作用最活跃的地带。

5）河口

河口是海水和淡水交汇和混合的部分封闭的沿岸海湾，它受潮汐作用的强烈影响。如同潮间带是陆地和海洋环境的交替区一样，河口是地球上两类水生生态系统之间的过渡区[1]。

6）盐沼

盐沼是主要分布在温带河口海岸带的长有植被的泥滩，植被的成带分布特征反映了不同的潮汐淹没时间。由于水体盐度的影响，植被以盐土植物为主。

3. 海洋自然保护区现状

1988 年国家海洋局召开全国海洋自然保护区工作座谈会并制定了《建立海洋自然保护区工作纲要》，1990 年经国务院批准建立了昌黎黄金海岸、山口红树林生态、大洲岛金丝燕海洋生态、三亚珊瑚礁以及南麂列岛 5 个国家级海洋自然保护区。目前，我国共建立国家级海洋自然保护区 35 处，保护对象涵盖滨海湿地、海洋生物栖息地、自然历史遗迹或地貌景观、重要海岛、红树林、鸟类栖息地等各类海洋生态系统和重要资源（表1-2）。

表1-2 国家级海洋自然保护区

序号	名称	地点	建区时间（年份）	保护区面积（hm²）	主要保护对象
1	丹东鸭绿江滨海湿地国家级自然保护区	辽宁东港	2013	81 430	沿海滩涂湿地及水禽候鸟
2	辽宁蛇岛-老铁山国家级自然保护区	辽宁大连	1980	14 595	蝮蛇、候鸟及蛇岛特殊生态系统
3	辽宁成山头海滨地貌国家级自然保护区	辽宁大连	2001	1 350	地质遗迹及海滨喀斯特地貌
4	辽宁双台河口国家级自然保护区	辽宁盘锦	1988	128 000	珍稀水禽及沿海湿地生态系统
5	大连斑海豹国家级自然保护区	辽宁大连	1997	672 275	斑海豹及其生境
6	天津古海岸与湿地国家级自然保护区	天津	1992	35 913	贝壳堤、牡蛎滩古海岸遗迹、滨海湿地
7	河北昌黎黄金海岸国家级自然保护区	河北昌黎	1990	33 438	海滩及近海生态系统
8	滨州贝壳堤岛与湿地国家级自然保护区	山东滨州	2006	43 541.54	贝壳堤岛、湿地、珍稀鸟类、海洋生物
9	荣成大天鹅国家级自然保护区	山东荣成	2002	1 675	大天鹅等珍禽及其生境
10	山东长岛国家级自然保护区	山东烟台	1988	5 012.5	鹰、隼等猛禽及候鸟栖息地
11	黄河三角洲国家级自然保护区	山东东营	1992	153 000	河口湿地生态系统及珍禽
12	盐城珍稀鸟类国家级自然保护区	江苏盐城	1983	247 260	丹顶鹤等珍禽及沿海滩涂湿地生态系统
13	大丰麋鹿国家级自然保护区	江苏大丰	1986	78 000	麋鹿、丹顶鹤及湿地生态系统
14	崇明东滩鸟类国家级自然保护区	上海	1998	24 155	湿地生态系统及珍稀鸟类

序号	名称	地点	建区时间（年份）	保护区面积（hm²）	主要保护对象
15	上海九段沙国家级自然保护区	上海	2000	42 020	河口型湿地生态系统、发育早期的河口沙洲
16	韭山列岛国家级自然保护区	浙江象山	2011	48 478	大黄鱼、鸟类等动物及岛礁生态系统
17	南麂列岛国家级自然保护区	浙江平阳	1990	20 106	海洋贝藻类及其生境
18	闽江河口湿地国家级自然保护区	福建长乐	2013	2 100	文昌鱼、中华白海豚和各种白鹭等
19	深沪湾海底古森林国家级自然保护区	福建晋江	1992	3 100	海底古森林遗迹和牡蛎海滩岩及地质地貌
20	厦门珍稀海洋生物物种国家级自然保护区	福建厦门	2000	7 588	中华白海豚、白鹭、文昌鱼等珍稀动物
21	漳江口红树林国家级自然保护区	福建漳州	1992	2 360	红树林生态系统和东南沿海水产种质资源
22	惠东港口海龟国家级自然保护区	广东惠东	1992	1 800	海龟及其产卵繁殖地
23	广东内伶仃岛－福田国家级自然保护区	广东深圳	1988	815	猕猴、鸟类、红树林湿地生态系统
24	湛江红树林国家级自然保护区	广东湛江	1997	19 300	红树林生态系统
25	珠江口中华白海豚国家级自然保护区	广东珠海	2003	46 000	中华白海豚及其生境
26	徐闻珊瑚礁国家级自然保护区	广东徐闻	1999	14 378.5	珊瑚礁生态系统
27	广东南澎列岛国家级自然保护区	广东南澳	1999	35 679	海洋生态系统及海洋生物
28	雷州珍稀海洋生物国家级自然保护区	广东湛江	1983	46 864.67	白蝶贝等珍稀海洋生物及其生境
29	山口红树林国家级自然保护区	广西合浦	1990	8 000	红树林生态系统
30	合浦儒艮国家级自然保护区	广西合浦	1986	35 000	儒艮及海洋生态系统
31	北仑河口国家级自然保护区	广西防城港	1983	3 000	红树林生态系统
32	东寨港红树林国家级自然保护区	海南海口	1986	3 337	红树林生态系统
33	大洲岛海洋生态系统国家级自然保护区	海南万宁	1990	7 000	金丝燕及其生境、海洋生态系统
34	三亚珊瑚礁国家级自然保护区	海南三亚	1990	8 500	珊瑚礁及其生态系统
35	海南铜鼓岭国家级自然保护区	海南文昌	2003	4 400	珊瑚礁、热带季雨矮林及野生动物

4. 相关技术标准体系建设

《海洋自然保护区管理办法》是 1995 年 5 月 29 日由国家海洋局发布，自 1995 年 5 月 29 日起施行的，为加强海洋自然保护区的建设和管理，根据《中华人民共和国自然保护区条例》的规定制定的管理办法。

《海洋自然保护区类型与级别划分原则》（GB/T 17504—1998）是根据我国海洋自然资源、自然环境特点，遵循保护海洋自然生态环境、挽救珍稀濒危海洋生物物种、保护和恢复海洋生物多样性的宗旨，为加强海洋自然保护区的建设和管理而制定的。

《海洋自然保护区监测技术规程》由国家海洋局于 2002 年 4 月发布施行，规定了海洋自然保护区监测的内容、技术要求和方法。

《海洋自然保护区管理技术规范》（GB/T 19571—2004），规定了海洋自然保护区的调查监测、环境保护与恢复、科学研究、宣传教育、公众参与、开发活动和档案管理等技术规范。

二、海洋特别保护区

1. 分类

海洋特别保护区是对具有特殊地理条件、生态系统、生物与非生物资源及海洋开发利用特殊需要的区域采取有效的保护措施和科学的开发方式进行特殊管理的区域。根据海洋特别保护区的地理区位、资源环境状况、海洋开发利用现状和社会经济发展的需要，海洋特别保护区可以分为海洋特殊地理条件保护区、海洋生态保护区、海洋公园、海洋资源保护区等类型[6]（表 1-3）。

表 1-3　海洋特别保护区分类分级标准

海洋特别保护区类别	海洋特别保护区级别	
	国家级	地方级
海洋特殊地理条件保护区（Ⅰ）	对我国领海、内水、专属经济区的确定具有独特作用的海岛；具有重要战略和海洋权益的区域	易灭失的海岛；维持海洋水文动力条件稳定的特殊区域

海洋特别保护区类别	海洋特别保护区级别	
	国家级	地方级
海洋生态保护区（Ⅱ）	珍稀濒危物种分布区；珊瑚礁、红树林、海草床、滨海湿地等典型生态系统集中分布区	海洋生物多样性丰富的区域；海洋生态敏感区或脆弱区
海洋公园（Ⅲ）	重要历史遗迹、独特地质地貌和特殊海洋景观分布区	具有一定美学价值和生态功能的生态修复与建设区域
海洋资源保护区（Ⅳ）	石油天然气、新型能源、稀有金属等国家重大战略资源分布区	重要渔业资源、旅游资源及海洋矿产分布区

1）海洋特殊地理条件保护区

海洋特别保护区的一种类型，为维护国防安全和海洋权益或生态系统稳定，在具有独特的地理位置或生态环境条件的海域划定的区域。

2）海洋生态保护区

海洋特别保护区的一种类型，为维护生物多样性及海洋生态服务功能持续发挥，在具有丰富的生态系统多样性以及对人为开发活动相对敏感或脆弱的海域划定的区域。

3）海洋公园

海洋特别保护区的一种类型，为保护海洋生态系统、自然文化景观，发挥生态旅游功能，在特殊海洋生态景观、历史文化遗迹、独特地质地貌景观及其周边海域划定的区域。

4）海洋资源保护区

海洋特别保护区的一种类型，为持续发挥海洋资源对海洋经济的重要支撑作用，在具有丰富的生物与非生物资源分布海域划定的区域。

海洋特别保护区分为国家级和地方级，有重大海洋生态保护、生态旅游、重要资源开发价值、涉及维护国家海洋权益的海洋特别保护区列为国家级海洋特别保护区；除此之外的其他海洋特别保护区列为地方级海洋特别保护区。

2. 概况

海洋特别保护区的选划建设工作始于 2002 年。2002 年 5 月，福建省宁德市人民政府批准建立了中国第一个地方级海洋特别保护区——福建宁德海洋生态特别保护区。2004 年 5 月，国家海洋行政主管部门批准建立了首个国家级海洋特别保护区——浙江乐清市西门岛海洋特别保护区，标志着中国海洋特别保护区建设与管理进入一个新的时期。目前已初步形成了包含特殊地理条件保护区、海洋生态保护区、海洋资源保护区和海洋公园等多种类型的海洋特别保护区网络体系。

截至 2016 年 9 月，中国已有国家级海洋特别保护区 65 处（其中包括海洋公园 42 处）（表 1-4）。

表 1-4　国家级海洋特别保护区

序号	名称	省（直辖市、自治区）	面积（hm²）
1	浙江乐清市西门岛海洋特别保护区	浙江	3 080
2	浙江嵊泗马鞍列岛海洋特别保护区	浙江	54 900
3	渔山列岛国家级海洋生态特别保护区	浙江	5 700
4	浙江普陀中街山列岛海洋生态特别保护区	浙江	20 290
5	山东昌邑海洋生态特别保护区	山东	2 929
6	山东东营黄河口生态国家级海洋特别保护区	山东	92 600
7	山东东营利津底栖鱼类生态国家级海洋特别保护区	山东	9 404
8	山东东营河口浅海贝类生态国家级海洋特别保护区	山东	39 623
9	山东东营莱州湾蛏类生态国家级海洋特别保护区	山东	21 024
10	山东东营广饶沙蚕类生态国家级海洋特别保护区	山东	8 282
11	山东文登海洋生态国家级海洋特别保护区	山东	519
12	山东龙口黄水河口海洋生态国家级海洋特别保护区	山东	2 169
13	山东威海刘公岛海洋生态国家级海洋特别保护区	山东	1 188
14	辽宁锦州大笔架山国家级海洋特别保护区	辽宁	3 240
15	山东烟台芝罘岛群国家级海洋特别保护区	山东	527
16	山东乳山塔岛湾海洋生态国家级海洋特别保护区	山东	1 097
17	山东烟台牟平沙质海岸国家级海洋特别保护区	山东	1 465
18	山东莱阳五龙河口滨海湿地国家级海洋特别保护区	山东	1 219
19	山东海阳万米海滩海洋资源国家级海洋特别保护区	山东	1 513
20	山东威海小石岛国家级海洋特别保护区	山东	3 069

续表

序号	名称	省（直辖市、自治区）	面积（hm²）
21	天津大神堂牡蛎礁国家级海洋特别保护区	天津	3 400
22	山东莱州浅滩海洋生态国家级海洋特别保护区	山东	6 780
23	蓬莱登州浅滩海洋生态国家级海洋特别保护区	山东	1 219
24	广西钦州茅尾海国家级海洋公园	广西	3 483
25	广东海陵岛国家级海洋公园	广东	1 927
26	广东特呈岛国家级海洋公园	广东	1 893
27	刘公岛国家级海洋公园	山东	3 828
28	日照国家级海洋公园	山东	27 327
29	江苏连云港海州湾国家级海洋公园（特别保护区）	江苏	49 037
30	厦门国家级海洋公园	福建	2 487
31	江苏海门市蛎岈山牡蛎礁海洋公园（特别保护区）	江苏	1 546
32	浙江渔山列岛国家级海洋公园（特别保护区）	浙江	5 700
33	浙江嵊泗国家级海洋公园（特别保护区）	浙江	54 900
34	山东大乳山国家级海洋公园	山东	4 839
35	山东长岛国家级海洋公园	山东	1 126
36	江苏小洋口国家级海洋公园	江苏	4 700
37	浙江洞头国家级海洋公园	浙江	31 104
38	福建崇武国家级海洋公园	福建	1 355
39	福建福瑶列岛国家级海洋公园	福建	6 783
40	福建长乐国家级海洋公园	福建	2 444
41	福建湄洲岛国家级海洋公园	福建	6 911
42	福建城洲岛国家级海洋公园	福建	225
43	广东雷州乌石国家级海洋公园	广东	1 671
44	广西涠洲岛珊瑚礁国家级海洋公园	广西	2 513
45	盘锦鸳鸯沟国家级海洋公园	辽宁	3 240
46	辽宁团山国家级海洋公园	辽宁	6 125
47	辽宁绥中碣石国家级海洋公园	辽宁	14 634
48	觉华岛国家级海洋公园	辽宁	10 249
49	大连长山群岛国家级海洋公园	辽宁	51 939
50	大连金石滩国家级海洋公园	辽宁	11 000
51	青岛西海岸国家级海洋公园	山东	45 855
52	烟台山国家级海洋公园	山东	1 248
53	蓬莱国家级海洋公园	山东	6 830

续表

序号	名称	省（直辖市、自治区）	面积（hm²）
54	招远砂质黄金海岸国家级海洋公园	山东	2 700
55	威海海西头国家级海洋公园	山东	1 274
56	广东南澳青澳湾国家级海洋公园	广东	1 246
57	大连仙浴湾国家级海洋公园	辽宁	—
58	大连星海湾国家级海洋公园	辽宁	—
59	烟台莱山国家级海洋公园	山东	—
60	青岛胶州湾国家级海洋公园	山东	—
61	福建平潭综合实验区海坛湾国家级海洋公园	福建	—
62	广东阳西月亮湾国家级海洋公园	广东	—
63	红海湾遮浪半岛国家级海洋公园	广东	—
64	海南万宁老爷海国家级海洋公园	海南	—
65	昌江棋子湾国家级海洋公园	海南	—

三、相关技术标准体系建设

根据《中华人民共和国海洋环境保护法》和《国务院关于进一步加强海洋管理工作若干问题的通知》（国发〔2004〕24 号），为进一步规范海洋特别保护区的选划建设，国家海洋局于 2005 年 11 月出台了《海洋特别保护区管理暂行办法》（国海发〔2005〕24 号）以及《建立海洋特别保护区申报书》、《海洋特别保护区选划论证大纲》等配套文件，以专项规章规范海洋特别保护区建设管理的相关工作。

2006 年下发了《关于进一步落实海洋保护区有关工作的通知》（国海环字〔2006〕349 号）。

2010 年 8 月 31 日形成《海洋特别保护区管理办法》，由国家海洋局发布实施。

国家海洋行政主管部门在不断完善其管理制度的同时，在技术标准体系方面已批准发布了两项海洋行业标准：《海洋特别保护区分类分级标准》（HY/T 117—2008）与《海洋特别保护区功能分区和总体规划编制技术导则》（HY/T 118—2010），另有一项国家标准《海洋特别保护区选划论证技术导则》（GB/T 25054—2010）于 2010 年经国家标准化管理委员会批准作为推荐国标正式生效。

四、存在问题

生态保护已逐步得到各级政府和有关部门的重视，海洋保护区数量明显增加。海洋保护区的建设为保护海洋生态系统，维护海洋生物多样性，促进海洋生态文明建设发挥了重要作用。我国海洋保护区建设起步较晚，但增长速度较快，在急剧发展过程中，出现了许多问题：重数量、轻管理；海洋保护区"批而不建、建而不管、管而不力"的现象仍然比较突出。

1）管理体制不够健全

海洋保护区的数量众多，但相当部分的保护区相应管理体制及管理质量并没有跟上，尤其在管理机构、人员配置、基础建设、经费的落实等方面还存在着较大的缺陷，使得我国自然保护区的发展面临着较大的挑战。其中，管理部门的缺失是最大的体制缺陷，据不完全统计，目前尚有近半数的海洋保护区未建立管理机构，尤其是地方级海洋保护区的管理机构大都未予落实。保护区没有管理部门便意味着其管理工作无法正常开展，更不用说应有的保护区宣传教育活动、科研计划等。

有些海洋保护区虽建立了管理机构，但管理人员、管理设备未能得到保障，在很大程度上影响了保护区的管理质量。保护区管理机构经费不足的现象也很常见，进而导致配套管理制度相对滞后、基础设施建设比较薄弱、管理能力参差不齐等问题。这些问题也严重影响了保护区的建设管理。即使国家级的海洋保护区，经费也无法得到保障，海南三亚珊瑚礁保护区 85 km^2 的海域，政府编制只有 6 个人，也就是说财政只给了 6 个人的费用，相当于一个处，人员编制较少，目前的力量远不能满足保护区全面发展的需要，技术人员匮乏，基层保护、巡护人员明显不足。

2）保护区资金缺乏及衍生问题

经费对于保护区的发展极为重要，充分的资金支持是落实生态保护措施的基础。近年来，中央及沿海各级政府加大了对自然保护区的投入力度，在一定程度上缓解了保护区经费压力。但是，由于海洋的特殊性，其日常巡护、监测等其他管理工作要得到有效落实，还需要大量经费持续性地投入。目前保护区经费来源较为单一，这也是造成保护区资金缺乏的重要原因。国家级保护区的经费主要由国家财政转移支付，从而直接受国家财政状况的影响，对保护区的转移支付过多也会挤占其他方面的经费；地方级保护区的经费是由地方财政支出，地方政府的经济发展状况直接影响保护区的经费来源，加之个别地方领导对保护区认识不足，地方级保护区的经费就更加无法保障。即使经济较为发达的省份，如广东省，其海洋保护区建设走在国家前列，但该省仍有相当比例的保护区未设立管理机构、未配置管理人员，或管理人员中科技人员的比例也较低，其他经济条件较为落后省份的海洋自然保护区管理情况可想而知[7]。在资金短缺的情况下，便无法运用现代化的手段与技术进行保护区的保护、管理，也无法吸引专业人才，使得保护区的保护方式及手段较为落后。由于经费不足，海洋保护区的基础设施薄弱，情况稍好的可满足日常管理的需求，但无法推进相关科研工作，情况差的则导致海洋保护区建而不管[8]。

3）保护区科研工作滞后

科研是保护区决策、计划实施及开展各项具体工作的前提和依托，是保护区实现可持续发展必须依靠的基础。定期进行针对环境、生物的常规监测，了解保护区概况、生态系统压力，以便判断保护区是否能实现对保护对象的有效保护，以及发现保护区管理工作上存在的问题。而我国海洋自然保护区的工作重心在管理，科研工作滞后，没有得到重视。科研工作主要依靠院校和科研单位，保护区本身科研力量很弱甚至空白。保护区缺乏专业人员，特别是基层管理站管护人员的专业和管理能力较低。保护区大多远离繁华的市区，交通不便，工作和生活条件艰苦，无法吸引人才。

4）保护与生态旅游等开发活动存在矛盾

为拓宽海洋保护区的经费来源，增加保护区收入，不少海洋保护区都开展了生态旅游。然而，保护区中的核心区通常是风景最好、最受游客关注的区域，有的保护区一旦将"生态旅游"做起来，对什么是核心区、缓冲区、实验区，也就顾不了太多，有的干脆先进行一些"外围调整"，再进行旅游开发。

很多地方在划定保护区之初，都希望保护区范围被划得越大越好，而随着经济的发展，当需要在保护区附近建项目之时，又嫌保护区面积大"碍事"了。除了旅游开发外，还有一些其他因素使得海洋保护区进行"外围调整"，比如，天津古海岸与湿地自然保护区在最初划分时，核心区的范围很大，后来在滨海新区建设时，因为国家的重点工程建设要从这里通过，就调整了"核心区"的范围。

5）尚未建立完善的保护区生态补偿机制

保护区的建立及管理都会对附近居民的生产生活造成较大影响，甚至带来损失。由于我国目前尚未建立完善的海洋保护区生态补偿机制，当地居民得不到应有的补偿，严重影响居民配合保护区建设与管理的积极性。当地居民甚至无视保护区的管理规定，在保护区范围内养殖、捕捞等，影响保护区的保护效益。

在这种情况下，一方面，应大力开展海洋保护宣传教育活动，广泛宣传海洋保护相关法律法规、海洋保护科普知识，提高群众的环保意识；要充分利用世界海洋日、海洋文化周等海洋主题活动，提高保护区的知名度，扩大影响，使老百姓了解保护区工作的重要性。另一方面，建立完善的保护区生态补偿机制。在建立保护区生态补偿机制时，应征求当地居民的意见，充分引入公众参与机制；处理好与当地居民生产生活的关系，维护当地居民的利益，得到公众的广泛支持，既是体现社会公平性的原则，也是保护区达到预期管理目标的重要因素之一。更为重要的是，建立保护区生态补偿制度后，根据"受益者付费"的原则，所有从保护区建设中获得利益的对象都有义务缴纳生态补偿金。此举能为保护区拓宽经费来源渠道，使保护区有足够的建设、管理及科研经费，保障保护区工作的顺利进行。可以说，建立海洋保护区生态补偿制度势在必行且迫在眉睫。

第二节　国外海洋保护区概况

一、海洋保护区的定义

海洋保护区的概念在 1962 年举办的世界国家公园大会上首次被提出，20 世纪 70 年代初，美国率先建立国家级海洋自然保护区。此后，海洋保护区得到联合国粮食及农业组织、美国和欧盟等国际组织和国家的高度关注。进入 21 世纪以来海洋保护区出现大型化发展趋势，美、英等国先后建立大型海洋保护区[9]。国际自然保护联盟（IUCN）对海洋保护区做出了比较宽泛的定义，即"通过法律或其他有效的方法予以部分或全部保护的任何潮间带或潮下带封闭海区，包括其上覆水体以及相关的植物、动物、历史和文化特征"[10]。

二、海洋保护区的分类

国际自然保护联盟（IUCN）按照保护目的和保护内容将自然保护区分为六大类：严格意义的保护区和荒野区；用于生态系统保护和娱乐的国家公园；用于自然特征保护的自然纪念地；通过有效管理加以保护的生物/物种管理区；用于保护和娱乐的陆地/海洋景观保护区；用于自然生态系统的可持续利用的资源管理保护区。海洋保护区的分类与此相似。

目前国际上对海洋自然保护区的定义和分类存在不一致的情况，多数国家按国际惯例将建于海岛、沿岸、海域的保护区均称为海洋自然保护区；而少数国家只把建于海上的保护区定义为海洋自然保护区，但是这样的定义并不完善。目前，世界上已建的海洋生物保护区有河口型（Estuaries）、珊瑚礁型（Coral reefs）、海洋型（Marine）、岛礁型（Islands or Islets）和海岸型（Littorals）五种类型，保护的对象各不相同。

1）美国

美国官方对海洋自然保护区的定义是："任何联邦、州、部落，甚至是地方的法律管辖的区域，这个区域是用来保护海洋资源环境的"[11]。美国对海洋自然保护区的划分标准有四点：①具有自然资源保护价值；②具有人类使用价值或历史文化资源价值；③存在人类活动可能造成对海洋某种不利的影响；④具有一定的管理条件。由此可见，美国对于海洋自然保护区的划分具备着自然保护和人文保护两个层面。美国的海洋保护区大致可分为两大类，即与海域相连的海岸带保护区（以保护陆地区域为主）和纯粹的海洋保护区（以保护海域为主）。其中海岸带保护区占多数，如滨海的国家公园（National Parks）、国家海滨公园（National Seashores）、国家纪念地（National Monuments）；只有少数为纯粹的海洋保护区，如国家海洋庇护区（National Marine Sanctuaries）、国家河口研究保护区（National Estuarine Research Reserves）、国家野生生物安全区（National Wildlife Refuges）。美国现有的海洋保护区命名和类型呈多样化，但基本参考 IUCN 的分类体系制定了海洋保护区分类标准和管理目标。比如海洋庇护区在美国指分区的大型多用途海洋保护区，面积可达数千平方千米，但并不禁止捕鱼，只是禁止海上油气开发活动[12]。

2）加拿大

加拿大的海洋保护区包括联邦和地方两大类。联邦政府建立和管理的海洋保护区包括：

国家公园管理局管理的滨海国家公园和国家海洋保全区；国家环境部管理的国家野生生物区、海洋野生生物区和候鸟禁猎区；国家海洋与渔业局管理的海洋保护区。地方政府建立的海洋保护区以具有海洋成分的省立公园和野生生物保留区为主，另外还包括生态保留区、野生生物管理区和"保护区"等。现有的加拿大海洋保护区多以具有海洋成分的陆地保护区为主，完全的海洋保护区只占很小比例。

加拿大是世界上少数几个颁布海洋保护区专门法律的国家之一，还通过法律的形式建立了国家海洋公园、禁渔区、海岛保护区等各类型海洋保护区，禁止捕猎海豹、海狗等珍稀海洋生物。

3）澳大利亚

与其他国家不同的是，澳大利亚的海域由联邦、洲和地方三级政府组织管理，因此，不同海域建立的海洋保护区因海域管辖权的不同分别归属联邦、州或地方政府管理。其中沿海岸基线 3 n mile 以内的海域管理责任在州和地方政府。所有 3 n mile 以内的海洋保护区的建立和管理由州和地方政府负责，而联邦政府的责任只在 3 n mile 以外联邦水域建立的海洋保护区和大堡礁海洋公园以及 3 n mile 内由联邦立法宣布的历史沉船保护区。

从命名和分类来看，澳大利亚采用了 IUCN 的海洋保护区定义和分类，海洋庇护区是严格的、不分区的、小型生境保护和渔业管理区域[13]。目前澳大利亚海洋保护区以大型多用途海洋保护区和实施严格保护的小型海洋保留区为主。大型多用途海洋保护区基本为资源管理保护区和国家公园，以生态系统保护、生物多样性保全和资源可持续利用为主，兼顾游憩和渔业开发；而众多的小型海洋保留区则多为物种/生境保护区，通过生境保全来保护特定的海洋物种，允许适度的游憩观光活动。真正禁止任何开发活动的严格保留区数量很少，且多为偏僻广袤的原始海域，人类活动不多。

4）欧盟

在保护区类型方面，欧盟各国存在多种形式的海洋保护区，包括自愿型自然保留区、私人保留区、渔业限制区，以及法律授权的限制人类活动的各种保护区。主要类型分为世界遗产地、生物圈保留区、国际湿地公约地、生物基因保留区和欧洲特许地、特别保护区和特别保全区，其中最重要的是包括海洋生物多样性和野生物种及生境保护在内的特别保全区。

第二章 海洋保护区生态补偿的法理依据

第一节 海洋保护区生态补偿法理基础

一、环境责任原则

传统理论认为环境责任原则即"污染者付费、利用者补偿、开发者保护、破坏者恢复"原则，指的是人们对环境和资源的利用，或对环境造成污染破坏、对资源造成减损，应承担法律义务和法律责任。其中，"污染者付费"是指污染环境造成的损失及治理污染的费用应当由排污者承担，而不应该转嫁给国家和社会；"利用者补偿"是指开发利用环境资源者，应当按照国家有关规定承担经济补偿的责任；"开发者保护"是指有权开发利用环境资源者，同时承担保护环境资源的义务；"破坏者恢复"是指造成环境资源破坏的单位和个人，须承担将受到破坏的环境资源予以恢复和整治的法律责任[14]。

在国家环境法律政策方面，1996 年国务院《关于进一步加强环境保护工作的决定》较早地提出了这一原则，把"污染者负担"原则扩展到自然资源开发利用的各个领域，提出"谁开发谁保护，谁破坏谁恢复，谁利用谁补偿"的责任机制。《国务院关于环境保护若干问题的决定》（国发〔1996〕31 号）更进一步提出"国务院有关部门要按照'污染者付费、利用者补偿、开发者保护、破坏者恢复'的原则，在基本建设、技术改造、综合利用、财政税收、金融信贷及引进外资等方面，抓紧制订、完善促进环境保护，防止环境污染和生态破坏的经济政策和措施"。

我国环境保护法律对此原则作出了明确规定，1996 年的《中华人民共和国环境保护法》将原有的"谁污染，谁治理"原则修改为"污染者治理"原则。2014 年修订的《中华人民共和国环境保护法》第五条规定"环境保护坚持保护优先、预防为主、综合治理、公众参与、损害担责的原则"，其中"损害担责"原则即环境责任原则，为环境保护法的基本原则之一。海洋保护区分为海洋自然保护区和海洋特别保护区，海洋保护区生态补偿的法律基础之一即环境损害责任原则。"利用者补偿、开发者保护、破坏者恢复"是环境责任原则在海洋保护区生态补偿中的具体体现。

二、可持续性原则

1972 年在斯德哥尔摩举行的联合国人类环境研讨会上，可持续发展（Sustainable development）的概念最先正式提出并被讨论。1987 年，世界环境与发展委员会出版《我们共同的未来》报告，将可持续发展定义为："既能满足当代人的需要，又不对后代人满足其需要的能力构成危害的发展。"这个定义系统阐述了可持续发展的思想和内涵，可持续发展主要包括社会可持续发展、生态可持续发展、经济可持续发展，这一思想在世界环境领域得到广泛认同和应用。

可持续性原则是可持续发展的原则之一，是指生态系统受到某种干扰时能保持其生产率的能力。资源的持续利用和生态系统可持续性的保持是人类社会可持续发展的首要条件。可持续发展要求人们根据可持续性的条件调整自己的生活方式。在生态可能的范围内确定自己的消耗标准。因此，人类应做到合理开发和利用自然资源，保持适度的人口规模，处理好发展经济和保护环境的关系。

建立海洋保护区是为了保护特定的资源或环境，实现生物多样性、生态系统、自然资源等的可持续利用。对海洋保护区进行生态补偿是可持续原则的要求和体现。

三、公平性原则

海洋保护区生态补偿体现了环境法的基本价值取向，即环境公平和环境正义。在环境法学界，环境公平包括代际公平和代内公平，它被定义为：人类不分世代、种族、国籍、文化、性别、经济水平、社会地位等，均享有安全、健康以及其他环境权利。该原则认为人类各代都处在同一生存空间，他们对这一空间中的自然资源和社会财富拥有同等享用权，他们应该拥有同等的生存权。当代人在开发利用海洋自然资源的过程中应当对其进行保护，保证满足当代人需求的同时，不影响后代人发展对资源的需求，实现资源的可持续利用，真正实现代内公平和代际公平。

实现代内公平，即实现当代人与其他种群之间、不同国家和地区之间的公平。一部分人对海洋资源进行开发利用，必然会对海洋资源的可利用能力产生影响并造成一定环境损害，影响到其他人、种群的生存环境和对资源的利用水平。而每个人原则上对资源和环境的利用有平等权，一部分人对资源的利用和破坏对其他人的利用产生了限制就不能实现平等权，如此就难以实现代内公平。因此，需要当代人对海洋资源和环境进行保护和补偿，以保障其他人和种群对海洋资源和环境的平等利用。

实现代际公平，即实现当代人和后代人之间对资源、环境的公平利用。当代人在开发利用海洋资源、环境的时候应当考虑资源的可持续利用，满足自身需要的同时，不应当超过资源的再生能力和环境的自净能力，继而影响到后代人对资源的利用。

环境公平虽然不能实现绝对公平，但是可以通过分配正义实现结果的相对公平，不管是代际间还是代内间，都要求在承认个体差异的前提下平衡各方的利益。根据罗斯的正义论，正义被认为是法律的基本精神，是衡量一部法律是否是良法的重要尺度和标准，任何法律都应以体现大多数人利益的正义原则来适当的分配资源、利益和负担，实现分配正义。分配正义一旦遭到破坏，应重建或恢复正义，例如要求侵害者赔偿受害者的损失，或对侵害者施予相对称的惩罚，以弥补分配正义被侵害所带来的不利后果。从环境正义的角度来看，在建立海洋保护区的问题上，有一部分主体享受了因保护区建设带来的利益，另外一部分主体共同分担了保护区建设所带来的负担和风险，我们应当通过分配正义实现结果的相对公平；对于因保护区建设而受到伤害或损失的主体，应该从因保护区建设和利用的受益者那里得到相应的补偿。海洋保护区生态补偿制度建设即为了实现分配正义而建立，是实现保护区相关利益者环境公平权的制度保障。

第二节　公民的环境权与生存权、发展权的平衡

环境权是人的一项应有权利。所谓应有权利是人作为人应当享有的权利，它是特定社会的人们基于一定的物质生活条件和文化传统而提出的权利要求和权利需要。应有权利的思想产生于自然法学派的自然权利（natural right）或天赋人权（inborn right）的观念。在西方人权学说中，应有权利被认为是一种道德权利。自然权利是一种道德权利，而且仅仅是一种道德权利，除非它由法律强制执行。应有权利与法定权利、实有权利不同，只有通过应用法律这一工具使应有权利法律化、制度化，应有权利才成为一种实有权利、法定权利，其实现才能得到最有效的保障。因此，法定权利是法律化了的人权。同应有权利相比，

法定权利是明确的、具体的。

环境权在 1972 年 6 月联合国召开的人类环境会议上首次得到国际上的承认。此次会议通过的《人类环境宣言》宣布："人类有权在一种能够过尊严和福利的生活环境中，享有自由、平等和充足的生活条件的基本权利，并且负有保护和改善这一代和将来的世世代代的环境的庄严责任。"欧洲人权委员会经过十多年的讨论，也接受了环境权的主张。1973 年维也纳欧洲环境部长会议上制定的《欧洲自然资源人权草案》，将环境权作为一项新的人权加以肯定，该《草案》被作为《世界人权宣言》的补充。环境权作为一项人类应当享有的基本人权，得到国际社会的普遍认可。

我国《宪法》第 23 条规定"国家尊重和保护人权"，而生存权和发展权是首要的基本人权。发展权不仅与生存权具有密切关系，它还与环境权具有十分密切的关系。有些人认为发展权与环境权是对立的，强调发展权，必然会牺牲环境权；强调环境权，必然牺牲发展权。因此主张要么以牺牲环境作为代价，去谋求经济的发展，要么为保护环境而停止发展经济。笔者认为这种观点是错误的。

首先，牺牲环境作为代价以谋求经济的发展是错误的。片面追求发展经济，忽视对环境的保护，加剧了当今世界的环境问题，尽管各个国家经过长时间的治理，环境质量已经大为改善，但都为"先污染、后治理"的发展道路付出了沉重的代价。

其次，为保护环境而停止发展同样是错误的。在广大发展中国家，生存权和发展权仍然是最基本的人权，贫穷依然是一个十分严重的问题，需要保障公民生存、发展的权利与机会。而这些问题的解决必须依靠经济的发展，不发展就不能解决人们的生存，就没有出路。因而，在发展中国家为了保护环境停止发展是走不通的。实际上，即使发达国家也不会接受停止发展论。

实际上，环境权与发展权的关系是对立统一的。权利冲突的实质是利益的冲突和价值的冲突，两种权利代表不同的利益或价值。经济的快速发展必然会导致环境问题的产生，对环境的严格保护在短时期看制约着经济的发展。但在总体上看，环境与发展是统一的，发展导致环境问题，环境问题的解决最终依靠发展。短期内，为了社会的稳定，采取一定的措施平衡环境利益和发展利益之间的冲突是有必要的。

在海洋保护区生态补偿问题上，生态补偿制度也是为了解决环境权和发展权之间的冲突而设立的。在海洋保护区内，当地居民的生存权和发展权因为保护措施而受到一定的限制，其发展权受到限制的同时环境权得到加强和保障，因此环境权利与发展权益之间在短期内存在一定程度的冲突与矛盾，存在此消彼长的关系。通过海洋保护区生态补偿制度，由一部分获得环境效益的主体对另一部分牺牲发展权利的主体进行补偿，可以在短期内解决环境权与发展权的矛盾，平衡各方的利益，维护社会的公平和稳定。同时对于个人来说，发展权受到限制的同时环境权得到加强，既是海洋保护区建设的经济受损者也是环境效益的受益者。海洋保护区生态补偿标准的研究就是通过解决"谁补谁，补多少"的问题来缓解短期内发展权和环境权之间的冲突。

第三节　海洋保护区生态补偿的立法依据

海洋保护区分为海洋自然保护区和海洋特别保护区，对海洋保护区生态补偿必须有其立法依据，虽然目前没有专门的生态补偿法，但是关于生态补偿的立法零散规定于各单行法中，主要存在于以下立法文件中。

一、《中华人民共和国环境保护法》（2014 年修订）

2014 年 4 月 24 日第十二届全国人民代表大会常务委员会第八次会议修订后的《中华人民共和国环境保护法》首次明确增加了生态补偿制度的相关规定。

该法第三十一条规定：

"国家建立、健全生态保护补偿制度。

国家加大对生态保护地区的财政转移支付力度。有关地方人民政府应当落实生态保护补偿资金，确保其用于生态保护补偿。

国家指导受益地区和生态保护地区人民政府通过协商或者按照市场规则进行生态保护补偿"。

本条第一款概括性地规定了国家建立、健全生态保护补偿制度。首次以法律条文的形式明确了生态补偿作为一项基本法律制度存在，是生态补偿制度法制化、体系化的必然要求。生态补偿制度在法律层面得到确认，为我国各个领域开展生态补偿制度的建设提供了强有力的支持，是海洋自然保护区生态补偿制度建设的法律依据。

本条第二款明确了在生态保护地区通过加大财政转移支付力度落实生态保护补偿。确立了以政府为主导的生态补偿，这是我国目前开展生态补偿试点实践中的主要途径。这是对生态保护区生态补偿资金来源的规定，在各类生态保护区内的生态补偿活动的资金来源主要是国家财政转移支付，地方人民政府是生态补偿财政转移支付的主体。

本条第三款确立了以市场为导向的生态补偿。国家指导和鼓励受益地区和生态保护地区人民政府通过协商或者按照市场规则生态补偿。生态补偿所需资金庞大，政府仅能解决其中一部分，且政府主导往往成本较高，因此完全依靠政府主导来推动生态补偿并非最佳选择，需要探索其他的补偿方式，市场交易机制即有效补充了政府主导的生态补偿。生态补偿制度建立在"谁破坏谁治理、谁受益谁补偿、谁利用谁付费"的基本原则之上，在一定意义上是一种市场经济行为。

二、《海洋特别保护区管理办法》

国家海洋局于 2010 年在《海洋特别保护区管理暂行办法》的基础上修改制定了《海洋特别保护区管理办法》（国海发〔2010〕21 号）。本管理办法第十条规定："根据海洋特别保护区的地理区位、资源环境状况、海洋开发利用现状和社会经济发展的需要，海洋特别保护区可以分为海洋特殊地理条件保护区、海洋生态保护区、海洋公园、海洋资源保护区等类型。"该管理办法第八条规定："国家海洋局从国家海洋生态保护专项资金中对国家级海洋特别保护区的建设、管理给予一定的补助。"第二十四条规定："经依法批准在海洋特别保护区内实施开发利用活动者应当制订并落实生态恢复方案或生态补偿措施，区内外排污及围填海等活动造成海洋特别保护区生态环境受损的应当支付生态补偿金。"第二十九条规定："国家鼓励单位和个人在自愿的前提下，捐资或者以其他形式参与海洋特别保护区建设与管理。"

根据本管理办法的规定，海洋特别保护区包括海洋特殊地理条件保护区、海洋生态保护区、海洋公园、海洋资源保护区等类型。《海洋特别保护区管理办法》确立了海洋特别保护区生态补偿的三种资金来源，即政府财政支付、开发利用主体缴纳生态补偿费、社会捐助。第八条规定国家海洋局对海洋特别保护区建设和管理给予一定的补偿，是目前海洋特别保护区生态补偿资金的主要来源，确立了政府主导的海洋特别保护区生态补偿。第二十四条的规定确立了在海洋特别保护区内的开发利用活动造成生态环境受损的支付生态补偿金，是海洋特别保护区生态补偿资金的补充来源，是一种市场为主导的生态补偿。《海洋特别保护区管理办法》确定的生态补偿方式、途径与《中华人民共和国环境保护法》确立的生态补偿方式、途径的总体思路一致。

三、《中华人民共和国自然保护区条例》

由国务院于 1994 年制定并于 2011 年修订的《中华人民共和国自然保护区条例》（以下简称《自然保护区条例》），将自然保护区定义为"对有代表性的自然生态系统、珍稀濒危野生动植物物种的天然集中分布区、有特殊意义的自然遗迹等保护对象所在的陆地、陆地水体或者海域，依法划出一定面积予以特殊保护和管理的区域。"本条例将自然保护区划分为核心区、缓冲区、实验区。同时第六条规定："自然保护区管理机构或者其行政主管部门可以接受国内外组织和个人的捐赠，用于自然保护区的建设和管理"，确立了自然保护区生态补偿资金的来源包括社会捐赠资金。第二十三条规定："管理自然保护区所需经费，由自然保护区所在地的县级以上地方人民政府安排。国家对国家级自然保护区的管理，给予适当的资金补助。"确定通过国家财政转移支付方式筹措自然保护区生态补偿资金。

虽然《自然保护区条例》规定了自然保护区管理经费的来源包括政府财政安排和国内外组织及个人的捐赠，但是，这些经费主要用来支付保护区建设和日常管理运行成本，并不包括对因保护区建设受影响的当地居民、企业等利益主体的补偿，生态补偿的资金支付方也不包括因自然保护区建设而获利者。该条例确立的仍然是政府主导的生态补偿，并未建立起以市场为导向的自然保护区生态补偿机制。

四、其他相关法律政策规定

2005 年《国务院关于落实科学发展观加强环境保护的决定》（国发〔2005〕39 号）要求"要完善生态补偿政策，尽快建立生态补偿机制。中央和地方财政转移支付应考虑生态补偿因素，国家和地方可分别开展生态补偿试点。"《国务院 2007 年工作要点》（国发〔2007〕8 号）将"加快建立生态环境补偿机制"列为抓好节能减排工作的重要任务。国家《节能减排综合性工作方案》（国发〔2007〕15 号）也明确要求改进和完善资源开发生态补偿机制，开展跨流域生态补偿试点工作。

2006 年《国家海洋局关于进一步规范海洋自然保护区内开发活动管理的若干意见》（国海发〔2006〕26 号）提出"海洋自然保护区内严格控制各类建设项目或开发活动，因重点建设项目确需在保护区实验区内进行开发建设的单位和个人，必须提前一个月向保护区管理机构提交申请，并附建设项目或开发活动基本情况报告、对保护区生态环境影响报告及相应的生态环境保护措施，对保护区生态环境造成影响的应给予一定的生态补偿，用于保护区生态监测和生态恢复。"

2007 年，国家环境保护总局印发《关于开展生态补偿试点工作的指导意见》，要求加快建立自然保护区、重要生态功能区、矿产资源开发和流域水环境保护生态补偿机制等。其中第八项提出加快建立自然保护区生态补偿机制，理顺和拓宽自然保护区投入渠道，组织引导自然保护区和社区共建共享，研究建立自然保护区生态补偿标准体系，将实施自然保护区生态补偿试点作为中央和地方各级政府的工作重点，对自然保护区进行生态补偿已成为我国生态补偿工作的一个重要方面。该指导意见第九项提出探索建立重要生态功能区生态补偿机制，建立健全重要生态功能区的协调管理与投入机制，加强重要生态功能区的环境综合整治，研究建立重要生态功能区生态补偿标准体系。

第三章　陆地自然保护区生态补偿评估研究和实践

建立自然保护区是生物多样性保护和生态服务功能恢复的最重要的措施之一，但自然保护区的建立对当地居民的传统生产活动和生活方式也产生了一定的负面影响。如何通过生态补偿这一经济手段与相应的政策措施，协调公益性自然保护与私利性地区发展之间的矛盾，是目前自然保护区管理所面临的普遍问题。

第一节　自然保护区的定义与分类

一、自然保护区的定义

自世界上第一自然保护区建立以来，自然保护区的建设与发展已有 100 多年的历史，然而，由于自然保护区涉及领域较广，至今没有适合各个国家的统一定义。1969 年，世界自然保护同盟（以下缩写为 IUCN）在新德里召开的第 10 届大会上首次提出了"国家公园"的定义，但该定义并不适合其他类型的自然保护区。1992 年，联合国环境与发展大会将保护区定义为"一个划定地理界限，为达到特定保护目标而指定或实行管制和管理的地区"，该定义非常笼统，可以泛指各类型受保护的地区或地域，导致世界各国对保护区的理解存在较大差异。IUCN 直到 1992 年才将保护区的定义具体化，指"专门用于保护和维持生物多样性、自然及相关文化资源，并通过法律程序或其他有效方法进行管理的一定区域的陆地或海域"[13]；这一定义几乎包含了所有自然物种保护的类型化区域，目前在国际上已得到普遍认可。在我国，自然保护区的定义最早提出于 20 世纪 50 年代，而现行立法对自然保护区的理解一般局限于狭义的概念。1994 年，我国颁布的《自然保护区条例》将自然保护区定义为"对有代表性的自然生态系统，珍稀濒危野生动植物物种的天然集中分布区，有特殊意义的自然遗迹等保护对象所在的陆地、水体或海域，依法划出一定面积。予以特殊保护和管理的区域"[15]。根据这个定义，自然保护区中既包括各种自然地带中的典型生态系统，又包括一些珍贵、稀有动植物种类的主要分布区，候鸟繁殖场所、越冬场所、迁徙停息的驿站以及饲养、栽培品种的野生近缘种的集中产地，同时还包括具有特殊保护价值的地质剖面、化石产地、冰川遗迹、地质地貌、瀑布、温泉、火山口、陨石所在地、海岛等。本章采纳的是国际通用的 IUCN 提出的保护区定义。

二、自然保护区的分类

长期以来，世界各国关于自然保护区的类型划分多种多样，没有统一的尺度和标准。为了解决自然保护区的分类问题，IUCN 自 1969 年起对保护区分类进行系统研究和分析，并于 1972 年、1978 年和 1994 年进行了若干次讨论、审议和修改，最终制定了《IUCN 保护区管理分类应用指南》。目前，该指南已得到生物多样性公约秘书处、联合国机构、许多国际组织和许多国家政府的认可和应用[16]，但受自然保护区的性质、建设目的、管理方式等因素差异的影响，不同国家和地区在自然保护区的分类上仍有各自的标准。在探讨自然保护区生态补偿的理论与实践之前，本章首先对各主要国家保护区分类进行了归纳和总结，具体如下。

1. IUCN 保护区分类

按照 IUCN 的保护区管理分类标准，保护区被划分为 6 种类型：第 Ⅰa 类为严格意义的自然保护区（Strict Nature Reserve），即拥有某些特殊的、具代表性的生物系统或特色物种的陆地或海洋，主要用于科学研究或环境监测，其他人类活动、资源利用行为在该区域内受到严格控制；第 Ⅰb 类为自然荒野区（Wilderness Area），通常指大面积未经改造或略经改造的陆地或海洋，仍保持其自然特征及影响，尚未有过永久或明显的人类居住痕迹，主要用于保护其荒野原貌；第 Ⅱ 类为国家公园（National Park），指大面积的自然或接近自然的区域，主要用于保护大规模的生态过程、相关的物种和生态系统特性，以及为精神、科学、教育、鱼类和旅游等活动提供基础；第 Ⅲ 类为自然纪念地（Natural Monument），指拥有一种或多种自然或自然、文化特色的地区，其特色因稀有、具代表性或在美学、文化方面意义重大而超乎寻常或独一无二；第 Ⅳ 类为生境/物种管理区（Habitat/Special Management Area），是一片陆地或海洋，主要用于物种或栖息地保护，这类保护区需要经常性的、积极的干预工作，以满足某种物种对生境的特别要求；第 Ⅴ 类为风景/海洋景观保护区（Protected Landscape/Seascape），指受人类、自然长期影响而形成的具有重要美学价值、生态学价值、文化价值且生物多样性较丰富的海岸和海洋，主要用于风景/海景保护及娱乐；第Ⅵ类为资源管理保护区（Managed Resource Protected Area），其拥有显著未经改造的自然系统，主要自然生态系统持续性利用[13]。

2. 美国保护区分类

美国是世界上最早建立保护区的国家，现如今，已经建立起以国家公园系统（National Park System）、国家野生生物避难所系统（National Wildlife Refuge System）、国家森林系统（National Forest System）、国家荒原保护系统（National Wilderness Preservation System）和海洋保护区（Marine Protected Areas）为核心，以土地利用等管理为辅助的保护区体系[17]。其中，国家公园系统建立的主要目的是向公众提供接近和欣赏自然和历史的机会，同时加强对区域内风景和自然资源的保护，该保护区共分3个类型：A 自然保护区（Natural Sites），包括国家公园、国家纪念物、国家保护区、国家禁猎地等；B 娱乐类保护区（Recreation Sites），包括国家娱乐区、国家海洋、国家湖滨、国家风景道、国家河流、国家原野性和风景性河流等；C 历史类保护区（Historic Sites），包括国家历史区、国家历史公园、国家战场等。国家野生生物避难所系统建立的主要目的是通过保护和恢复生态环境来保护野生生物，它具有恢复、保护、发展和管理野生生物及其生境的功能，具有保护和保存濒危物种及其生境的功能，同时还具有通过对野生生物和荒野土地的管理获取最大资源效益的功能。国家森林系统建立的主要目的是寻求保护与资源利用之间的平衡，保护森林野生动物，涵养水源，满足公众娱乐和旅游的需求，包括木材林产品出售、牧场出租、休闲娱乐使用等。国家荒原保护系统建立的主要目的是为现在和未来美国国民保护荒野地的持久性资源，该系统与其他各类保护区之间存在地域上的重合，某一地域被确定为荒野地之前可能已是野生生物避难所、国家公园或国有森林的一部分，将其进一步确定为荒野地保护区的目的是为了加强对这些区域的保护。海洋保护区建立的主要目的是保护、恢复和改善生态环境，使依赖这些海洋区域生存和繁殖的生物资源得到保护。

除上述保护区系统外，美国的保护区体系还包括保护风景、游憩、地质、生物、历史、文化和其他有价值的河流的国家原野与风景河流系统（National Wild and Scenic River System），以及保护国家风景、历史及游憩步道的国家步道系统（National Trails System）等。

3. 加拿大保护区分类

加拿大是世界上最早建立保护区管理机构的国家，其保护区系统在国际自然保护界居于领先地位。目前，加拿大的保护区系统主要分为国家级、省/地区级、区域级和地方级 4 个层次[18]。国家级的自然保护区类型主要包括国家公园、国家海洋保护区、国家野生动植物保护区和国家候鸟禁猎区。其中，国家公园建立的主要目的是长期保护加拿大重要的、有代表性的自然地区，鼓励公众了解、鉴赏和享用这些自然遗产并将其健全地留给后代。国家海洋保护区（NMCAs）是为了可持续利用而管理的海洋区，其中含有比较小的高度保护带，包括海底、底土及上覆水体、周边的湿地、河口、岛屿和其他海岸带土地，建立该保护区的主要目的是长期保护和保育具有国家意义的、有代表性的海洋环境和大湖，鼓励公众了解、鉴赏和享用这些海洋遗产并将其健全地留给后代。国家野生动植物保护区和国家候鸟禁猎区建立的目的是保护重要候鸟的栖息地，前者需采取必要的改良措施并在一定的控制下开展传统资源利用方式，后者仅在候鸟出现期进行保护和管理。

4. 澳大利亚保护区分类

澳大利亚拥有世界上最庞大的国家保护区系统，其建立国家公园的历史可追溯到 1879 年，当时由新南威尔士州政府宣布建立了澳大利亚的第一个国家公园——皇家国家公园，这也是世界上继美国黄石国家公园之后的第二个国家公园。由于澳大利亚属联邦制国家，各个州都有立法权且大多数保护区由各州自行管理，导致不同地区对保护区的命名、分类和管理差异很大。例如，昆士兰州将保护区划分为国家公园、科学国家公园、土著居民国家公园、托雷斯海峡岛屿居民国家公园、资源保护公园、资源保护区、自然庇护地、协调资源管护区、荒野区、世界遗产管理区和国际协定区；新南威尔士州保护区有国家公园、自然保护区、荒野区、土著区、历史遗址、州立休闲区、区域公园等；北领地保护区有国家公园、自然公园、土著居民管理的国家公园、资源管护区、资源保护区、历史保护区、管理协定区等[19]。

5. 德国保护区分类

根据德国联邦自然保护法、各州自然保护法和有关国际协议，德国已建立的保护区主要包括自然保护区、国家公园、景观保护区、自然公园、生物圈保护区、原始森林保护区、湿地保护区和鸟类保护区[20]。其中，自然保护区建立的目的主要在于：一是保护区有动植物物种的群落环境或共生环境，二是出于博物学上或地方志上的原因考虑，三是保护其稀缺性、独特性或其优美的景色；在自然保护区内，禁止一切破坏、危害、改变自然保护区或其组成成分的行为。国家公园的主要保护目标是维护自然生态演替过程，最大限度地保护物种丰富的地方动植物生存环境；国家公园可供人们休养、教育、科学研究以及感受原始自然过程。景观保护区建立的主要目的是保护或恢复自然环境各要素的生存能力或自然资源的使用能力，保留其多样、独特的自然景观，并对休养具有特别的意义，与自然保护区相比，该类保护区具有较大的面积，而且在利用方面限制较少。自然公园是一种需要统一发展与保护的面积较大的自然保护区，大多数的自然公园都是景观保护区或自然保护区，一般被作为休养或旅游场所。生物圈保护区是一种面积较大的、具有重要自然价值和经济价值的农林景观区；设立生物圈保护区的主要目的是维护生态平衡，将其作为生态系统研究的优先区域，促进自然、经济和社会的可持续发展。原始森林保护区是指森林的生态发展过程不论现在还是将来都不会受到破坏的天然林区；建立原始森林保护区的主要目的在于保护和发展天然森林生态环境，进行森林天然生命过程研究，并作为受人类强烈影响的生态系统研究的环境观察参照区。湿地保护区的建设要求主要包括：一是某种涉禽或水鸟群落1%或更多的个体定期居留，二是2万只涉禽或水鸟定期居留，三是濒危动植物种类数量较大，四是对遗传多样性和生态多样性保护具有特别价值，五是具有科学和经济意义的植物和水生及陆生动物环境。

6. 中国保护区分类

1956年，我国建立了第一个自然保护区——广东肇庆鼎湖山自然保护区，标志着中国自然保护区工作的开端。改革开放以来，我国的自然保护区建设发展迅速，截至2007年底，全国共建立2 531个不同类型、不同级别的自然保护区，总面积为15 188.00×10^4 hm^2；截至2012年年底，我国自然保护区达2 669个，总面积达149.79×10^4 km^2，约占国土陆地总面积的14.94%[21]。目前，我国尚未制定自然保护区的分类标准，只在1994年颁布的《自然保护区类型与级别划分原则》中将自然保护区划分为3个类别9个类型（表3-1）。

表3-1　中国自然保护区类型划分表

类别	类型
自然生态系统	森林生态系统
	草原与草甸生态系统
	荒漠生态系统
	内陆湿地和水域生态系统
	海洋和海岸生态系统

类别	类型
野生生物	野生动物
	野生植物
自然遗迹	地质遗迹
	古生物遗迹

自然生态系统自然保护区是指以具有一定代表性、典型性和完整性的生物群落和非生物环境共同组成的生态系统作为主要保护对象的一类自然保护区。其中，森林生态系统自然保护区是指以森林植被及其生境所形成的自然生态系统作为主要保护对象的自然保护区；草原与草甸生态系统自然保护区是指以草原植被及其生境所形成的自然生态系统作为主要保护对象的自然保护区；荒漠生态系统自然保护区是指以荒漠生物和非生物环境共同形成的自然生态系统作为主要保护区对象的自然保护区；内陆湿地和水域生态系统自然保护区是指以水生和陆栖生物及其生境共同形成的湿地和水域生态系统作为主要保护对象的自然保护区；海洋和海岸生态系统自然保护区是指以海洋、海岸生物与其生境共同形成的海洋和海岸生态系统作为主要保护对象的自然保护区。

野生生物自然保护区是指以野生生物物种，尤其是珍稀濒危物种种群及其自然生境为主要保护对象的一类自然保护区。其中，野生动物自然保护区是指以野生动物物种，特别是珍稀濒危动物和重要经济动物种种群及其自然生境作为主要保护对象的自然保护区；野生植物自然保护区是指以野生植物物种，特别是珍稀濒危植物和重要经济植物种种群及其自然生境作为主要保护对象的自然保护区。

自然遗迹自然保护区是指以特殊意义的地质遗迹和古生物遗迹等作为主要保护对象的一类自然保护区。其中，地质遗迹自然保护区是指以特殊地质构造、地质剖面、奇特地质景观、珍稀矿物、奇泉、瀑布、地质灾害遗迹等作为主要保护对象的自然保护区；古生物遗迹自然保护区是指以古人类、古生物化石产地和活动遗迹作为主要保护对象的自然保护区。

除以上各国外，巴西、日本、俄罗斯等其他国家也各自对自然保护区的类型进行了划分。从上述总结可以看出，各国主要按照保护对象和管理措施的差异来进行保护区分类，即使是相同的保护对象，也会因管理措施的不同而被划分成不同类型的保护区[22]。

第二节　陆地自然保护区生态补偿的理论探讨

一、陆地自然保护区生态补偿的涵义

生态补偿涉及水文学、生态学、环境经济学、管理学、法学等多个学科，众多学者从不同的学科角度对生态补偿的概念和内涵进行了探讨，但至今尚无对生态补偿的公认定义[23]。国际上没有"生态补偿"这一说法，与其比较相近的概念是"生态/环境服务付费"（Payment for Ecological/ Environmental Services，PES）。PES 的内涵与中国的生态补偿概念没有本质区别，生态服务功能是其核心和目标，环境服务付费对于生态环境保护管制手段而言，是一种替代管制、基于市场的经济手段，具有自愿的交易、明确界定的生态系统服务、对应的买卖者、付费是有条件的等特点[24]。

在我国，早期经济学意义上的生态补偿通常被认为是生态与环境破坏者支付赔偿的代名词，相当于污染者付费[25]。随着生态建设实践的推进，生态补偿的内涵得到了拓展，不少学者对生态补偿的概念进行了重新定义，更多地将生态补偿理解为对生态环境保护、建设者的财政转移补偿机制，将生态补偿机制看成是调动生态建设积极性，促进环境保护的利益驱动机制、激励机制和协调机制[26]。直到 2006 年，李文华等[27]从经济学、环境经济学、生态学等不同学科的角度对生态（效益）补偿概念进行了梳理，并综合大多数学者的意见，提出生态（效益）补偿是用经济的手段达到激励人们对生态服务功能进行维护和保育，解决由于市场机制失灵造成的生态效益的外部性并保持社会发展的公平性，达到保护生态与环境效益的目标。这是首次在概念中提出了生态系统服务维护和保育的目标，将生态补偿与生态系统服务联系在一起，与国际上的生态系统服务付费（PES）概念较好地衔接[28]。

自然保护区生态补偿是生态补偿的一个分支，不同于理论和实践相对成熟的其他生态补偿分支，例如流域补偿、森林补偿、矿产资源开发补偿等。到目前为止，国内尚未有关于自然保护区生态补偿的比较公认的定义，在对其研究和应用中多套用其他方面生态补偿的成果[29]。综合生态补偿的内涵以及其他类型生态补偿的研究成果，本研究认为，陆地自然保护区生态补偿应该是一种为了维护陆地自然保护区生态系统服务功能和特定物种持续存在和发展而建立起来协调各利益相关者之间关系的具有激励效应的长效制度安排。陆地自然保护区生态补偿的内涵既包括对因保护和恢复陆地自然保护区生态环境而做出投入或遭受损失所给予的补偿，也包括对因开发利用或破坏陆地自然保护区生态环境而损害生态功能所导致的生态环境价值丧失而给予的补偿。

二、陆地自然保护区生态补偿的重要性

1. 有利于协调保护区生态保护与地区发展的矛盾

建立自然保护区是进行生物多样性保护和生态服务功能恢复的重要措施之一。它一方面有利于改善保护区内的生态环境，另一方面却对保护区内及周边居民的生活与经济发展造成了很大的影响。在我国，陆地自然保护区多处于人口稠密的经济高速发展地区或边远的贫困地区，据 1997 年的相关统计，全国 926 个陆地自然保护区中有 85 个保护区内和周边平均人口分别达到 1.44 万和 5.9 万，224 个保护区位于国家标准的贫困县内，80% 的陆地自然保护区面积地处西部地区，人口压力和经济落后的现实状况导致保护区生态保护与地区发展的矛盾十分突出[30]。

以往的政策过于偏重保护区及周边居民的生产、生活活动对保护区生态环境的影响，却忽视保护区的建立所带来的社会经济影响，在对保护区实施资源利用与管护限制时，很少为当地居民寻找可持续的替代生计，致使保护与发展矛盾不断升级，而生态补偿措施正是调节保护与发展困境的有效手段。通过对相关利益损失做出补偿，不仅能够改善当地居民的生产、生活条件，而且有利于自然保护区建设目的的实现。

2. 有利于解决保护区资金短缺的难题

自然保护区缺乏资金支持是目前国际上普遍的现象。据国际保护监测中心（WCMC）于 1993 年和 1995 年的调查统计结果，全球 108 个国家的公园和保护区平均得到的经费投入（包括运行费和基建费）为 893 美元/km²，其中发达国家平均得到的经费投入为 2 058 美元/km²，发展中国家平均得到的经费投入为 157 美元/km²。[31] 相比之下，我国的保护区面临的资金压力更为严峻。1999 年，我国 85 个自然保护区平均得到的经费仅为 52.7 美元/km²（包括运行费和基建费），其中 46 个国家级自然保护区平均得到的经费也不到 114 美元/km²，资金投入远远落后于国际水平[30]。目前，经费短缺几乎成为自然保护区发展的最大障碍，而生态补偿正是通过经济激励手段解决资金短缺问题的重要途径。

3. 有利于整合和拓宽自然保护区融资渠道

世界各地的保护区历来都以公共产品生产为主，结果保护区往往太多地依靠公共部门投资、慈善机构捐赠和发展援助来维持。例如，我国自然保护区的投资渠道可归纳为三个方面的来源，即中央主管部门投资、地方政府投资和社会投资。中央主管部门投资指国家各主管部门对自然保护区的基建投资和专项补助等；地方政府投资指省、市、县各级政府的有关主管部门给本地区自然保护区的基建费、人头事业费和专项业务费等；社会投资指除政府财政和主管部门以外的各种投资，主要包括横向政府部门投资、社会团体和个人的投资和国外资助等[32]。

由于大多数保护区是由政府机构为了提供公共产品而建设和管理的，他们往往没有将提供私人产品和服务的潜在价值发挥出来。对于政府部门、慈善机构和援助组织，他们应作为社会补偿者继续为保护区发挥公共效益提供资金，而生态补偿措施可以从"受益者付费、破坏者赔偿以及保护者获益"的总体框架下，整合上述资金渠道，同时根据上述原则，拓宽现有的资金渠道[33,34]。

三、陆地自然保护区生态补偿的关键问题

1. 补偿类型

根据补偿原因的不同，生态补偿可被划分为增益性生态补偿和损益性生态补偿两种类型。其中，增益性生态补偿旨在对维护"公共物品"的正外部性而付出努力或对遭受损失的人或物进行补偿；损益性生态补偿旨在使外部不经济内部化，使行为人承担其所造成的外部不经济后果[34]。陆地自然保护区为生态效益的维护和增值做出了牺牲，为动植物资源的存续提供了保障，而保护区内及周边地区居民的土地权益、个人资产、机会成本以及人身权利等方面却因此遭受了损失，因而属于典型的增益性生态补偿。这一特征决定了陆地自然保护区生态补偿在理论研究和实践操作中必然与损益性生态补偿（如资源开发利用生态补偿）侧重点不同。

2. 补偿原则

结合调查分析，陆地自然保护区生态补偿具体应遵循以下原则：

第一，公平性原则。凡是从保护区建设中获利的受益者，均应按照"谁受益、谁补偿"的原则对生态环境的自身价值予以补偿，同时，生态保护实施者的正外部性行为也应按照"谁保护、谁受益"的原则得到一定程度的物质激励，最终达到生态保护和区域发展的双重目标。

第二，差别性原则。自然保护区的类型多样、涉及范围广，生态恢复的难易程度和生态保护的要求差异悬殊，自然保护区所在地区的经济发展水平有高有低，因此，在进行生态补偿方案设计时，应当针对不同地区、不同保护区类型给予不同数量、不同期限和不同方式的补偿。

第三，动态性原则。制定生态补偿标准所考虑的因素，如地区经济发展水平、人民生活水平等，在不同阶段可能发生变化，因此要求生态补偿的标准也要有动态性。应尽可能地建立一种长效机制，特别是通过产业转型和生活方式的改变，逐步实现保护地区的可持续发展。

第四，协商性原则。与其他领域的生态补偿不同，绝大多数的陆地自然保护区内都有居民居住，保护区与居民之间的利益关系处理得好坏直接决定了陆地自然保护区建设的成效。生态补偿作为以经济手段为主调节相关者利益关系的政策措施，应当建立起政府与保护区居民之间的交流平台，在政策制定和政策实施的过程中充分听取保护区居民的诉求，尤其在确定补偿标准时，综合平衡各方的利益，以保证陆地自然保护区生态补偿的顺利实施。

3. 补偿主体

一般而言，陆地自然保护区与重要生态功能区多属于国家所有，保护区内的生态保护建设主要由国家或地方政府组织实施，而因其产生的生态服务的受益地区可能包括小尺度的局部地区，也可能包括中大尺度的某个地区或一个国家，甚至有可能涉及全球。从补偿主体来看，陆地自然保护区生态补偿的主体比其他类型的生态补偿更加难以明确，通常认为，具有世界意义的保护区应当由国际社会给予必要支持，具有国家意义的保护区通过国家政府购买等方式实现补偿，具有区域意义的则通过获益地区给予适当的补偿，而因生态保护而发展起来的相关产业也应当承担一定的补偿责任[35]。

4. 补偿对象

根据"谁保护，谁受益"的原则和陆地自然保护区生态补偿的特征，生态补偿的对象主要指实现生态价值而牺牲利益的一方，具体包括因生态保护而丧失发展机会的保护区及周边居民、组织实施保护区生态保护建设的管理人员以及执行生态保护措施的单位和个人。

5. 补偿额度

如何确定补偿额度是生态补偿政策制定的核心。陆地自然保护区生态补偿本质上属于增益性生态补偿范畴，其补偿额度的确定一般参照两方面内容进行核算：一是生态保护与建设的实施成本，二是生态保护与建设产生的生态价值。对于前者而言，生态保护与建设的实施成本包括生态保护者的直接投入（建设成本）和机会成本。生态保护者为了保护生态环境，投入的人力、物力和财力应纳入补偿标准的计算之中；同时，由于生态保护者要保护生态环境，牺牲了部分的发展权，这一部分机会成本也应纳入补偿标准的计算之中。对于后者而言，主要是针对生态保护与建设所产生的水土保持、水源涵养、气候调节、生物多样性保护、景观美化等生态系统服务价值进行综合评估与核算。按照当前的实际情况，由于在采用的指标、价值的估算等方面尚缺乏统一的标准，且在生态价值与现实的补偿能力方面有较大的差距，因此，一般按照生态系统服务价值计算出的补偿数量只能作为生态建设补偿的参考和理论上限值。

在实际操作中，可根据国家和地区的实际情况，特别是经济发展水平和生态环境现状，参照上述计算方法，通过协商和博弈确定当前的补偿额度。与此同时，生态补偿是一个动态过程，需要根据生态保护和经济社会发展的阶段性特征，与时俱进，进行相应的动态调整。

6. 补偿方式

生态补偿方式多样化是生态补偿工作顺利开展的要求，其实质是补偿主体的多元性和补偿对象需求的多样性[36]。根据陆地自然保护区生态补偿实施主体和运作机制的特点，大致将陆地自然保护区生态补偿的方式概括为以下几类：

一是政府补偿，指政府通过购买、财政支付转移、政策优惠、税收减免以及发放补贴等非市场化途径进行补偿。自然保护区的公共物品性质决定了政府对这种物品的供给应当负首要责任，从本质上讲，政府补偿属于行政补偿的范畴。政府对生态补偿责任的分担比例以及应由哪级政府来负责补偿，取决于保护区提供外部效益的大小和受益范围。

二是项目支持，指通过实施生态保护项目得到相应的补偿。目前，我国多数生态保护和恢复项目覆盖了相关的陆地自然保护区，如野生动植物保护工程、天然林保护工程、京津风沙源治理工程、三北及长江中下游地区等重点防护林工程等。除此以外，保护区管理部门还可运用各种途径争取世界银行、联合国开发计划署、联合国环境规划署、全球环境基金等相关项目的支持。

三是设立专项基金，指申请建立自然保护区生态补偿专项基金，由国际、国内机构、企业和个人对生态保护活动进行捐助，并由基金管理委员会进行统一管理，委员会成员可由捐助者推荐，也可由保护区管理人员共同商定。

第三节　陆地自然保护区生态补偿研究进展

一、国外理论研究

国外陆地自然保护区生态补偿的理论研究与生物多样性和风景、娱乐服务直接相关[37]。2002 年，在 33 个国家进行的一项 IIED 森林生物多样性保护服务研究发现，生物多样性服务的主要购买者是私营公司、国际非政府组织与研究机构、捐赠人、政府及个人。这些购买者中有 73% 的是国际购买者，其他的都是区域性、国家性与地方性购买者。国际参与者与许多国内参与者对生物多样性保护需求的焦点趋向于最具有生物多样性（在物种数量方面）的栖息地或者受到最大威胁的栖息地。这一研究成果为其他类型自然保护区的生物多样性保护补偿提供了重要借鉴。风景、娱乐服务经常与生物多样性服务重叠。由于保护区不允许当地社区使用其传统的资源，对保护区居民造成了巨大的经济损失，需要做出一定数量的补偿。最经常用来体现这些价值的、以市场为基础的补偿机制包括：参观权/进入补偿，如参观费（50%）、旅游服务（25%）和管理安排或项目（25%）[37]。

二、国内理论研究

我国陆地自然保护区生态补偿的理论研究起步较晚，早期有关自然保护区管理问题、资金问题、价值评价等方面的探讨为陆地自然保护区生态补偿研究奠定了基础。2000 年以后，国内学者主要从保护区补偿的理论基础、主客体、补偿依据、补偿数量、补偿方式、资金来源以及补偿监管等关键环节进行了理论探讨。其中，吴晓青等[38]首次提出了自然保护区生态补偿的框架，为建立保护区生态补偿机制提供了指导。在案例研究方面，陈传明等[39]利用文献调研法、问卷调查法、访谈法、利益相关者分析法、机会成本法和意愿调查法等分析了福建武夷山国家级自然保护区生态保护对社区的影响，从补偿主体客体标准方式和途径等方面探讨了福建武夷山国家级自然保护区生态补偿机制。王雅敬等[40]以贵州省江口县地方重点生态公益林保护区为例，采用问卷调查法和条件价值评估法对地方重点公益林保护区生态补偿的标准及方式进行研究，结果表明，当地林农每年愿意接受的最低补偿金额为 314.14~365.15 元/hm²。戴其文[41]以猫儿山自然保护区为例，利用问卷调查和条件估值法探讨了自然保护区生态补偿机制的构建，结果发现，不同村庄农户的家庭受损和机会成本相差较大，对于林地没有被保护区划占的农户，机会成本为 10 000 元/户，对于林地被保护区划占的农户，机会成本为 10 000 元/户+750 元/亩①×被划占的林地亩数。王亮[42]以盐城市丹顶鹤自然保护区为例，利用 RS 和 GIS 相关技术分析保护区的 1988 年、1998 年、2008 年共 20 年的土地利用变化以及相应生态承载力变化和空间分异特征，结合生态足迹效率对生态补偿进行了定量分析。龚亚珍等[43]以盐城国家级湿地珍禽保护区作为案例，从生态补偿对象的角度研究讨论了补偿政策设计中不同的属性安排，特别是设置退出权限等措施对盐城生态补偿政策的成本有效性、可持续性及实施效果的潜在影响，为政策设计提供相应的实证基础。魏晓燕等[44]以内蒙古乌拉特国家级自然保护区为例，基于生态系统服务理论及生态足迹理论和方法，对比分析了保护区移民迁移后对保护区生态环境的贡献，并结合当地社会经济情况，核算和对比生态移民的补偿标准，结果显示，基于生态系统服务变化的补偿标准下限建议为 17 830 元/人，基于生态足迹变化的补偿标准上限建议为 25 810 元/人。

第四节　陆地自然保护区生态补偿实践进展

一、国外实践经验

国外对陆地自然保护区生态补偿的实践研究开始于 20 世纪 70 年代。为加强生态环境保护，一些西方国家对森林、矿产等资源开发和使用等污染性能源消费征收费用，用于补偿受损地区和自然保护区。现今，国外陆地自然保护区生态补偿的目的以生物多样性保护

---

①　1 亩≈666.7 m²。

为主，并且时常与农业、流域和森林等方面的生态补偿相结合。

陆地自然保护区生态补偿比较具有代表性的案例是，巴西在恢复退化林地和增加保护区面积的过程中应用成果的经济激励手段，其中比较典型的手段有 3 种：生态增值税、建立永久性的私有的自然遗产保护区和储藏量的可贸易权[45]。作为一种财政补偿机制，生态增值税遵循"谁保护、谁受益"的原则。在巴西，已有 6 个州实施了生态增值税。巴西政府规定将销售税的 25%重新返还给建立保护区和实行可持续发展政策的州政府，每个州可以制定各自的分配标准。各地获得生态增值税的数量由各州所得销售税的百分比、保护区面积占本地总面积的百分比、保护水平和质量等因素决定。此外，对私有的自然遗产保护项目区的农村地区实行减免税收，在国家环境基金项目自愿分配中优先考虑自然遗产保护区，并在对农村的信用评级中对其加以倾斜，从而为土地所有人或经营人参加私有的自然遗产保护项目提供了激励机制。合法储藏量的可贸易权计划实际上是在政府行政调解下由私人组织开展的森林开采权的贸易。例如，巴西的法律规定，为保护生物多样性，在亚马孙河流域范围内任何土地所有人必须保证在其拥有的土地上使森林覆盖率保持在 80%以上，但因土地边际生产力的差异，毁林开荒现象时有发生。为了有效利用土地资源，政府允许那些从农业生产中获得较高收益却违反了国家法律规定的农户向那些把森林覆盖率保持在高于 80%以上的农户购买其开采森林的权利，从而使整个地区的森林覆盖率保持在国家规定的标准。这种机制有利于提高土地的利用效率和生态效益[46]。

其他国家陆地自然保护区生态补偿的支付方式主要包括政府补偿和保护区公众支付。政府补偿指政府决定被补偿的对象、范围和标准，并直接进行补偿。如在瑞典，90%的农民（欧洲平均仅为 20%）得到生态补偿，补偿数额以可量化的生物多样性的改进为基础。有关研究表明，瑞士按照生态贡献的 41%收取生态补偿，如休闲地的增加和草地非集约化利用所带来的生态效益等均得到补偿[47]；干旱草原生物多样性以物种丰富度和分布的均匀度衡量，当地政府给农户发放生态补偿金，鼓励他们积极进行物种保护，取得了明显成效[48]。类似补偿还包括哥斯达黎加对森林恢复的投资（24 美元/（hm² · a）），巴西对拥有自然保护区地区的补偿（如给 Parana 州支付了 1.5 亿美元）和墨西哥对 700×10⁴ hm² 保护区的投资等[49]。

二、国内实践现状

1. 陆地自然保护区生态补偿立法现状

目前，我国没有自然保护区生态补偿的专门立法，只是在国家政策、法律、法规以及地方性法规、规章中有所规定[50]，具体如下：

第一，《宪法》相关规定。《宪法》第9条规定："国家保障自然资源的合理利用，保护珍贵的动物和植物。禁止任何组织或者个人用任何手段侵占或者破坏自然资源"；第26条规定："国家保护和改善生活环境和生态环境，防治污染和其他公害。国家和组织鼓励植树造林，保护林木"。这两条规定表明国家将生态保护和污染防治放在同等地位，为自然保护区生态补偿立法提供了指导。

第二，法律、法规相关规定。《环境保护法》（2014年修订）是我国环境保护的基本法，该法第31条第1款规定："国家建立、健全生态保护补偿制度"。修订后的《环境保护法》将污染治理与生态环境保护放在同等地位，增加了对生态环境与资源保护的原则性规定，首次在环境基本法中明确了生态补偿制度。《自然保护区条例》对自然保护区生态补偿做了简单规定，明确了补偿由地方人民政府具体执行，如第23条规定："管理自然保护区所需经费由自然保护区所在地的县级以上地方人民政府安排。国家对国家级自然保护区的管理给予适当的资金补助"；第27条规定："自然保护区核心区内原有居民确有必要迁出的，由自然保护区所在地的地方人民政府予以妥善安置"。《生态补偿条例》于2010年1月由国务院列入了立法计划。该条例确立了"谁开发、谁保护"、"谁受益、谁补偿"、"谁损害、谁修复"的原则，在补偿资金管理机制上有所加强，扩大了资金来源，强调要协调各部门之间的工作，权责分明，保障了法律的有效实施。此外，一些自然资源单行法也对自然保护区生态补偿做了相关规定，如《森林法》、《草原法》、《防沙治沙法》、《水土保持法》以及《野生动物保护法》等。与生态补偿相关的行政法规有《森林法实施条例》、《退耕还林条例》等。

第三，地方规范性文件相关规定。各地方政府也积极投入到立法实践中。结合本地自然保护区状况，各地相继制定了与自然保护区生态补偿相关的法规及规范性文件，如云南省的《云南省环境保护条例》、《云南省森林生态效益补偿基金管理实施细则》，浙江省的《生态公益林管理办法的通知》和《关于进一步完善生态补偿机制的若干意见》，以及广东省的《广东省生态公益林建设管理和效益补偿办法》等。2014 年 10 月 1 日起施行的《苏州市生态补偿条例》是我国首个地方生态补偿条例，该条例规定了对生态补偿的适用范围、补偿原则、补偿范围、补偿对象、补偿标准以及审核程序等内容，明确了政府职责，并规定市财政部门应当会同有关部门制定生态补偿实施细则，使补偿能够顺利实施。

2. 陆地自然保护区生态补偿实践探索

我国陆地自然保护区生态补偿实践始源于解决保护区经费问题的困扰。我国青城山位于四川省省会成都东 60 km，是我国著名的宗教圣地，在 20 世纪 70 年代，护林人员因工资不到位而放松管理，当地森林乱砍滥伐现象十分严重。成都市副市长决定将青城山门票收入的 30%用于护林，青城山的森林状况很快好转。1989 年 10 月有关森林生态补偿的研讨会在四川乐山召开，开始了建立中国生态补偿的历史进程。1998 年，我国提出在国家层面设立森林生态效益补偿基金，用于提供生态效益的防护林和特种用途林的森林资源、林木的营造、抚育、保护和管理，这标志着我国第一次将生态效益的补偿问题列入法律中。2001 年，24 个国家级自然保护区先行进行了森林生态效益补助资金的试点，为我国各种类型的自然保护区建立生态补偿机制提供了样板。2005 年 4 月以来，各级环保部门执法人员对全国的自然保护区（重点是国家级、省级自然保护区）进行了全面检查，涉及 23 个省市的 2 056 个自然保护区。调查显示，我国自然保护区建设目前存在的问题很多，关键是保护与开发的矛盾问题[26]。

第四章　生态保护补偿理论与实践

根据 2016 年 5 月发布的《国务院办公厅关于健全生态保护补偿机制的意见》，从森林、草原、湿地、荒漠、海洋、流域、耕地等重点领域生态保护补偿进行简要介绍其理论和实践上的进展。

第一节　森林生态补偿

国外的森林生态补偿已具备了较强的理论基础，形成了较为完备的生态补偿制度与政策框架，并在实践中取得了较好的成绩。森林生态补偿的途径主要有以下两种：一是政府公共财政转移支付，如私有林财政全额拨款、减免税收，采取优惠的金融政策，降低贷款利率、延长贷款期限、提高贷款金额，建立国家林业基金等；二是市场化的补偿，如向受益者收费、生态认证、碳汇交易等。从发展趋势来看，国外侧重于市场化的补偿模式，往往采取环境服务付费的方式实施生态补偿，在森林生态服务系统功能价值评估的研究基础上，通过市场交易，调整相关利益者在森林建设、保护、经营方面的经济利益关系[50]。

一、森林生态补偿理论研究

我国对生态补偿的研究晚于西方，与国外相比，在森林生态补偿理论研究方面比较滞后、进行的实践相对较少。但针对森林生态补偿问题，国内学者也从多方面进行了研究，在最近 20 年获得了不少的研究成果。研究的内容主要有森林生态服务功能价值的计量，森林生态补偿的必要性，该补多少，补偿的途径及理论研究等方面，提出了比较契合我国实际情况的补偿理论及建议。取得研究成果的同时，国内的研究还存在一些问题：①现有的研究多是对某一具体森林生态补偿案例的分析，对森林生态补偿基础理论的研究较少。基础理论的探讨是开展进一步深入研究的基础，森林生态补偿的研究中对基础理论的探讨不深入，导致了在进行补偿主体、补偿模式、补偿标准等进一步的研究中出现理论来源不清晰、认识不统一、不同观点较多的现象[51]。②森林生态补偿标准的研究没有形成具有普适性的确定方法。对森林生态补偿标准的研究，不同学者从不同的角度进行了各种研究，形成了许多不同的森林生态补偿标准确定思路和确定方法，但是目前尚未形成能够获得广泛认可的普适性补偿标准确定方法[52]。

二、森林生态补偿实践探索

国内的森林生态补偿实践可分为三个阶段。第一阶段为探索阶段。自 1978 年改革开放以后，森林生态问题日益凸显，许多有识之士借鉴国外经验，积极推动国家制定相应的森林生态补偿政策，并开展了尝试工作。1992 年国务院批转国家体改委《关于 1992 年经济体制改革要点的通知》、1993 年国务院《关于进一步加强造林绿化的通知》、1994 年国务院《中国 21 世纪人口、环境与发展白皮书》等许多文件当中都提到了森林生态效益有偿使用、建立森林生态效益补偿制度等相关内容。但这一时期我国处于社会快速发展的阶段，一切以经济建设为中心，森林生态补偿的实质性工作并未开展。第二阶段为快速发展阶段。到 20 世纪末，由于片面的经济发展，一系列生态环境问题开始集中出现，给我国的经济社会造成了重大损失，尤其是 1998 年发生的长江、松花江流域特大洪涝灾害，使得全社会对生态环境的保护迅速重视起来，森林生态补偿制度在这一阶段也随重点森林生态保护工程迅速开展。这一时期的重点森林生态保护工程有 1998 年试点、2000 年正式全面实施的天然林保护工程，1999 年试点、2002 年正式全面实施的退耕还林工程等。在这一阶段，我国将森林生态补偿制度的相关内容写入了《森林法》、《森林法实施条例》等法律中，使得森林生态补偿制度的建立有了一定的法律基础。同时，我国于 2001 年开始在 11 个省（区）的 685 个县非天然林保护工程实施范围试点开展森林生态效益补偿基金制度，并于 2004 年正式建立了中央森林生态效益补偿基金，森林生态效益补偿基金制度的建立是我国森林生态补偿制度发展中的关键节点。第三阶段为完善与创新发展阶段。天然林保护工程在 2010 年完成了一期工程的建设，2010 年 12 月 29 日国务院常务会议决定于 2011—2020 年实施天然林保护二期工程；退耕还林工程的资金补贴期限也在 2010 年后陆续到期。随着这些 20 世纪末开展的森林生态保护工程的阶段性完成，我国的森林生态补偿制度的发展也进入了新的阶段。这一阶段，森林的补偿标准也得到了明确：2009 中央财政将属于集体和个人所有的国家级公益林补偿标准提高到每年 10 元/亩，至 2013 年国家把该标准提高到 15

元[50]。这一背景下，实施森林生态补偿实践工作的地方政府开展了一系列有益的制度创新与尝试，不断完善我国的森林生态补偿制度。例如，北京、广东、福建等地根据地区发展水平，在国家规定的基础上提高了补偿额度，至 2012 年广东省补偿金额已提高到每年 18 元/亩[53]；浙江省开展了公益林分类补偿的尝试，充分发挥森林生态补偿制度的激励作用[54]。这些有益的尝试针对性地解决了森林生态补偿实践中出现的问题，使得我国的森林生态补偿制度不断完善和发展。

第二节　草原生态补偿

一、草原生态补偿理论发展

草原生态补偿采取"保护生态，绿色发展；权责到省，分级落实；公开透明，补奖到户；因地制宜，稳步实施"的原则。

草原生态补偿资金的来源主要包括中央财政资金和地方财政资金，中央财政资金划拨给地方政府，由省（自治区）、市（自治州）予以落实，通过财政转移支付落实草原生态补偿资金。

在草原生态补偿领域，2011—2015 年实行农业生产资料综合补助、禁牧补助和草畜平衡补助相结合的方式，2016 年起实行禁牧补助、草畜平衡补助和绩效考核奖励结合的方式。草原生态补偿资金以家庭（户）为单位发放，按亩进行补偿，采用一卡通的方式将补助发放到牧户的手中。

草原生态补偿标准方面，在中央补偿标准的基础上，各地区根据当地的经济发展水平、禁牧规模和地方财政力量等，以不同补偿系数，制定了地方补偿标准。各地为了防止出现补助奖励两极分化的现象，提出实行封顶和保底措施。由于各地的情况不尽相同，与当地牧民的实际生活和收入水平挂钩，确定封顶和保底的具体标准。

二、草原生态补偿标准

1. 2011—2015 年草原生态补偿标准

2011 年农业部和财政部联合下发了《关于完善退牧还草政策的意见》，从 2011 年起，适当提高中央投资补助比例和标准。围栏建设中央投资补助比例由现行的70%提高到80%，地方配套由30%调整为20%，取消县及县以下资金配套。

（1）青藏高原地区围栏建设每亩中央投资补助由17.5元提高到20元，其他地区由14元提高到16元。

（2）补播草种费每亩中央投资补助由10元提高到20元。

（3）人工饲草地建设每亩中央投资补助160元。

（4）舍饲棚圈建设每户中央投资补助3 000元。

从2011年起，不再安排饲料粮补助，在工程区内全面实施草原生态保护补助奖励机制。

（1）禁牧补助。对实行禁牧封育的草原，中央财政按照每亩每年补助6元的测算标准对牧民给予禁牧补助，5年为一个补助周期。

（2）草畜平衡补助。对禁牧区域以外实行休牧、轮牧的草原，中央财政对未超载的牧民，按照每亩每年1.5元的测算标准给予草畜平衡奖励。

2. 2016年草原生态补偿新标准

2016年农业部和财政部联合下发了《新一轮草原生态保护补助奖励政策实施指导意见》（2016—2020），2016年在8省区实施禁牧补助、草畜平衡奖励和绩效评价奖励；在5省实施"一揽子"政策和绩效评价奖励，补奖资金可统筹用于国家牧区半牧区县草原生态保护建设，也可延续第一轮政策的好做法。

（1）禁牧补助。对生存环境恶劣、退化严重、不宜放牧以及位于大江大河水源涵养区的草原实行禁牧封育，中央财政按照每年每亩7.5元的测算标准给予禁牧补助。5年为一个补助周期，禁牧期满后，根据草原生态功能恢复情况，继续实施禁牧或者转入草畜平衡管理。

（2）草畜平衡奖励。对禁牧区域以外的草原根据承载能力核定合理载畜量，实施草畜平衡管理，中央财政对履行草畜平衡义务的牧民按照每年每亩2.5元的测算标准给予草畜平衡奖励。引导鼓励牧民在草畜平衡的基础上实施季节性休牧和划区轮牧，形成草原合理利用的长效机制。

（3）绩效考核奖励。中央财政每年安排绩效评价奖励资金，对工作突出、成效显著的省区给予资金奖励，由地方政府统筹用于草原生态保护建设和草牧业发展。

三、地方草原生态补偿最新实践

2016 年国家财政部、农业部下发《新一轮草原生态保护补助奖励政策实施指导意见》（2016—2020），部署在河北、山西、内蒙古、辽宁、吉林、黑龙江、四川、云南、西藏、甘肃、青海、宁夏、新疆 13 个省（自治区）以及新疆生产建设兵团、黑龙江省农垦总局启动实施新一轮草原补奖政策。要求各有关省区农牧、财政部门于 2016 年 6 月 20 日前，将经省级政府批复的草原补奖政策实施方案（2016—2020 年）联合报农业部、财政部备案。

1. 甘肃省草原生态补偿

2016 年发布《甘肃省贯彻新一轮草原生态保护补助奖励政策实施意见（2016—2020年）》。

（1）甘肃省实行禁牧补助。对生存环境恶劣、退化严重、不宜放牧以及位于大江大河水源涵养区的草原，实行禁牧封育，利用中央财政禁牧补助资金对实施禁牧的农牧户给予补助。5 年为一个禁牧周期，禁牧期满后根据草原生态功能恢复情况，继续实施禁牧或者转入草畜平衡管理。全省三大区域禁牧年补助标准为：青藏高原区 21.67 元/亩，黄土高原区 4.62 元/亩，西部荒漠区 3.87 元/亩。

（2）实行草畜平衡奖励。对禁牧区域以外的可利用草原，根据载畜能力科学合理核定载畜量，实施草畜平衡管理。全省三大区域草畜平衡年奖励标准为：青藏高原区 3.35 元/亩，黄土高原区 2.67 元/亩，西部荒漠区 2.17 元/亩。

2. 内蒙古草原生态补偿

2016 年前，内蒙古草原生态保护补偿的实践主要表现为：① 2011 年确定禁牧规模，全面落实草原生态保护补助奖励机制；② 禁牧区划分，分为中西部禁牧区、中东部禁牧区等划区；③ 确定禁牧区补贴标准。

内蒙古禁牧区平均补贴测算标准为每年 6 元/亩，再根据各盟市草原实际生产能力，确定标准亩系数，用 6 元/亩乘以标准亩系数，就是本地区的补贴标准。根据"责任、资金、任务、办法"四到盟市的总体要求，允许各盟市根据本地区草原实际承载能力，确定各旗县的标准亩系数。从呼伦贝尔市到阿拉善盟，标准亩系数从 1.59 到 0.35 不等。

2016 年，内蒙古发布《内蒙古自治区草原生态保护补助奖励政策实施指导意见》，贯彻落实《新一轮草原生态保护补助奖励政策实施意见（2016—2020 年）》。

四、法律法规及政府性文件

2002 年《国务院关于加强草原保护与建设的若干意见》完善和落实了退耕还草的各项政策措施。国家向退耕还草的农牧民提供粮食、现金、草种费补助。

2005 年《国务院关于落实科学发展观加强环境保护的决定》要求"要完善生态补偿政策，尽快建立生态补偿机制。中央和地方财政转移支付应考虑生态补偿因素，国家和地方可分别开展生态补偿试点"。

2007 年国家环境保护总局发布《关于开展生态补偿试点工作的指导意见》，"通过试点工作，研究建立自然保护区、重要生态功能区、矿产资源开发和流域水环境保护等重点领域生态补偿标准体系，落实补偿各利益相关方责任，探索多样化的生态补偿方法、模式，建立试点区域生态环境共建共享的长效机制，推动相关生态补偿政策法规的制定和完善，为全面建立生态补偿机制奠定基础。"

2010 年起草了《生态补偿条例》。

2011 年农业部、财政部与发改委联合下发《关于完善退牧还草政策的意见》，提出了草原生态保护奖励补助政策。

2013 年《国务院关于生态补偿机制建设工作情况的报告》指出建立了草原生态补偿制度。2011 年，财政部会同农业部出台了草原生态保护奖励补助政策，对禁牧草原按每亩每年 6 元的标准给予补助，对落实草畜平衡制度的草场按每亩每年 1.5 元的标准给予奖励，同时对人工种草良种和牧民生产资料给予补贴，对草原生态改善效果明显的地方给予绩效奖励。截至 2012 年年底，草原禁牧补助实施面积达 12.3 亿亩，享受草畜平衡奖励的草原面积达 26 亿亩。

2014 年《环境保护法》第三十一条规定"国家建立、健全生态保护补偿制度。国家加大对生态保护地区的财政转移支付力度。有关地方人民政府应当落实生态保护补偿资金，确保其用于生态保护补偿。国家指导受益地区和生态保护地区人民政府通过协商或者按照市场规则进行生态保护补偿。"从法律的高度确定了生态补偿的财政转移支付，并鼓励通过协商或市场规则进行生态补偿。

2016 年 5 月 6 日农业部办公厅发布《关于促进草牧业发展的指导意见》，指出在四大牧区重点全面实施草原治理、新一轮退耕还林还草等工程和草原生态保护补助奖励政策。

2016 年《国务院办公厅关于健全生态保护补偿机制的意见》中关于草原领域重点任务指出，"扩大退牧还草工程实施范围，适时研究提高补助标准，逐步加大对人工饲草地和牲畜棚圈建设的支持力度。实施新一轮草原生态保护补助奖励政策，根据牧区发展和中央财力状况，合理提高禁牧补助和草畜平衡奖励标准。充实草原管护公益岗位"。

2016 年 3 月农业部和财政部联合下发《新一轮草原生态保护补助奖励政策实施指导意见（2016—2020 年）》，提出新的草原生态保护补助奖励政策。

第三节　湿地生态补偿

一、湿地生态补偿的必要性

1. 中国湿地破坏严重

湿地是世界三大生态系统之一，在地球物质与能量循环中起着不可替代的作用。中国拥有的湿地面积在所有亚洲国家中是最大的，约为 5 360×10⁴ hm²，并且中国湿地种类多，分布广。为了满足社会经济发展的需求，20 世纪 50 年代开始，中国许多地区出现了围垦洲滩湿地、乱捕滥猎湿地生物的现象，这导致中国湿地面积锐减、湿地生态功能严重退化。2014 年 1 月发布的第二次全国湿地资源调查结果显示，中国湿地总面积 10 年内减少了339.63×10⁴ hm²，其中有 99.4%，也就是 337.59×10⁴ hm² 为自然湿地。湿地生态系统的破坏对我国生态安全和社会经济可持续发展造成严重的威胁，因此，迫切需要有效的措施来遏制湿地生态系统的退化。生态补偿机制作为一种有效协调生态保护与社会经济发展之间矛盾的制度安排，能从根本上改变湿地开发利用动机，是实现湿地资源持续利用、保护湿地生态环境的重要手段[55]。

2. 湿地的公共品特性以及湿地利用的外部性

与其他自然资源一样，多数自然湿地是非竞争性、非排他性的公共品，这往往使市场忽视了湿地开发利用的生态环境成本以及某些人群为保护湿地而付出的代价，进而导致湿地资源的无效配置和湿地生态环境的严重破坏。因此，政府部门应该提供必要的制度保障，建立健全湿地生态补偿机制，一方面使保护湿地的行为得到应有的补偿，另一方面，使破坏湿地的行为付出应有的代价[56]。

二、开展湿地生态补偿的政策背景

1992 年，我国加入《湿地公约》，"湿地"一词在国内逐渐被广泛接受。进入 21 世纪后，中央政府营造了一定的政策环境，进一步加大了湿地保护力度。2000 年，国家林业局、国家环保总局、国家海洋局、水利局以及农业部等 17 部委编制了《中国湿地保护行动计划》。2013 年，国家林业局湿地保护管理中心贯彻落实党的十八届三中全会精神，决定进一步加强湿地保护法律法规建设、完善湿地保护体系、探索湿地补偿制度。2005 年，国家林业局成立湿地保护管理中心，其主要职责是推进履行国际《湿地公约》。截至 2015 年，中国已有 47 处湿地被列入《国际重要湿地名录》，这些湿地广泛分布于热带至寒带、沿海至内陆的平原和高山地区。2016 年 5 月，国务院办公厅正式印发的《关于健全生态补偿机制的意见》中明确指出，到 2020 年，实现森林、草原、湿地、荒漠、海洋、水流、耕地等重点领域和禁止开发区域、重点生态功能区等重要区域生态保护补偿全覆盖。

三、湿地生态补偿标准

目前暂无关于湿地生态补偿的标准。

四、湿地生态补偿实践

总的来看，所有的湿地生态补偿实践都是由政府主导的，以政策法规作为实施基础，以生态恢复工程作为执行手段的公共制度安排。然而，由于自然资源权属以及利益相关者不同，任何一个地区的生态补偿实践都各具特点。

1. 美国生态补偿实践

美国是较早实施湿地生态保护的国家，一直以来，无论其湿地生态恢复技术还是湿地生态补偿制度在全世界范围内都颇具代表性[57]。

1972 年，美国首次为保护湿地、溪流和其他水域立法；1977 年，联邦政府将《联邦水污染控制法》更名为《清洁水法》，把"独立湿地和湖泊、间歇溪流、湿草原坑洞和其他水系"纳入了管制范围；1985 年联邦政府颁布了《食品安全法案》，其中的湿地保护条款规定，如果农户以排干湿地的方法去种植农作物，那么农场主将不可能获得联邦政府提供的价格援助贷款、农业灾害支付等各项农业援助。以上这些政策和计划的实施为美国生态补偿机制的形成和发展奠定了必要的法律和公众意识基础。

1987 年，联邦各部委通过了"零净损失（No Net Loss）"湿地保护目标，计划在防止湿地面积减少的同时，人为扩大湿地的面积，这意味着美国政府正式启动了湿地生态补偿实践。1990 年颁布的《食品、农业、环境保护贸易法案》设立了以经济补偿方式管理和支持土地所有者对湿地进行恢复与保护的湿地储备计划（Wetland Reserve Program）。1995 年，美国通过《建立、使用和运作湿地补偿银行指导书》建立了湿地缓解银行补偿方案，以第三方主体参与的形式来完善湿地补偿的市场化机制。除此之外，美国还建立了"湿地替代费补偿"和"湿地开发许可"等湿地生态补偿市场化机制。如今，美国的湿地生态补偿制度已经相当成熟，许多先进的模式已成为其他国家效仿的对象，回顾美国湿地生态补偿实践历史，其中较有影响力的是以下几种政策工具。

（1）湿地开发许可制度。湿地开发许可制度规定由被许可的湿地开发者自行进行湿地补偿，其强调的是湿地重建。迄今为止，这是适用范围最为广泛的湿地生态补偿制度，通过这种制度补偿的湿地面积占美国全年湿地补偿面积的大多数。

（2）湿地储备计划。湿地储备计划是美国联邦政府通过经济补偿的方式来换取那些已经转变为耕地的湿地的地役权，使这些湿地不再进行作物生产，从而恢复湿地天然的生态功能。

（3）湿地缓解银行。湿地缓解银行制度在湿地开发之前就将开发者应当承担的湿地补偿责任转移到作为第三方主体的湿地缓解银行，并由湿地银行替代完成相关的湿地恢复工程，属于开发前的第三方生态补偿方式。湿地开发之前，湿地开发者对于湿地开发而造成的无法避免的损害向湿地银行购买湿地"信用"（credits），再由湿地银行通过恢复或重建的方式履行湿地补偿责任，开发者购买的湿地"信用"通常以湿地面积为计量形式。

（4）湿地替代费补偿。湿地替代费补偿与湿地缓解银行一样，都属于第三方补偿制度，但它是一种开发后的补偿。在美国经济欠发达地区，对于湿地的开发力度较小，需要相当长的时间才能出售一个湿地信用，不适于建设湿地缓解银行。湿地开发者可以在实施湿地开发项目后，向第三方机构缴纳替代费，由第三方机构直接代替湿地开发者完成特定的湿地退化缓解项目，或者从缓解银行购买信用来履行湿地补偿义务。

2. 国内湿地生态补偿实践

2010 年，财政部、国家林业局发布的《关于 2010 年湿地保护补助工作的实施意见》规定了"突出重点分步实施、注重绩效的湿地保护补助资金安排的原则"，这标志着中央财政关于湿地生态补偿的实践工作正式启动。2010 年，湿地生态补偿资金为 2 亿元，补偿范围包括 21 个省（自治区）的 20 个国际重要湿地、16 个湿地类型自然保护区、7 个国家湿地公园。

在国家湿地生态补偿实践的基础上，部分省份也通过政策设计和工程建设的形式开展了湿地生态补偿实践工作。目前，全国已有山东、黑龙江、西藏、北京等 19 个省（自治区、直辖市）和 6 个市（自治州）出台了湿地保护条例。例如，山东省政府制定的《山东省湿地保护工程实施规划（2011—2015 年）》，计划投资 37.986 亿元用于省内湿地重点工程的建设；《云南省湿地保护"十二五"规划》拟筹资金 18 亿元，用于全省湿地保护、生态恢复、资源可持续利用；2011 年，广东省政府安排了湿地生态效益补偿资金 1 000 万元，用于对湛江红树林国家级自然保护区、广州南沙湿地等具有代表性的湿地开展生态效益补偿试点。

一些市级政府也根据自身市情，因地制宜地积极探索湿地生态补偿制度。苏州市政府率先将生态补偿机制运用于苏州市湿地治理之中，2010 年，苏州市委、市政府陆续推出了《关于建立生态补偿机制的意见（试行）》，以政府财政转移支付的方式，对因保护湿地等生态环境而导致经济发展受到限制的社区及村落实施补偿。之后，专门制定了《苏州市生态补偿专项资金管理暂行办法》，用以规范生态补偿专项资金的拨付、使用和管理，提高生态补偿资金包括湿地生态补偿专项资金的使用效益。2010—2011 年苏州市共计安排湿地生态效益补偿资金 7 000 多万元。2012 年 2 月，苏州市人大常委会又在全省率先出台了《苏州市湿地保护条例》，在法律层面明确了湿地生态补偿的必要性。除此之外，武汉市也专门出台了《湿地自然保护区生态补偿暂行办法》，规定了应受补偿的群体，对不同级别的自然保护区制定按面积补偿的标准。

此外，值得一提的是，一些地方在设计和评价湿地生态补偿方案时，以全面的科学研究为基础，这在很大程度上推进了国内湿地生态补偿制度的创新。例如，鄱阳湖自然保护区通过建立景观游憩效益的交易市场，来为保护湿地生物多样性的当地社区和居民提供生态补偿资金[58]；黄河三角洲湿地则引入环境公益诉讼模式，充分发挥公共参与在生态保护中的作用，以此来贯彻生态系统管理思想，使生态补偿制度法律化[59]；江西袁河把流域的断面水质和水量作为生态补偿的考核指标，如果监测断面水质指标值达到控制目标，则对该断面水质不奖不罚，如果监测断面水质指标值优于控制目标或劣于控制目标，则对该断面水质给予补偿或处罚，另外，政府还对袁河超量用水的情况进行处罚[60]；有学者通过对江苏盐城湿地的生态补偿案例进行研究发现，补偿政策设计中补偿水平、合同年限、退出合同的权利、环境绩效等补偿政策属性显著影响农户参与意愿，其中合同年限与退出权利对参与意愿影响最为显著[43]。

五、法律法规及政府性文件

目前，国内湿地生态补偿的相关法律制度体系还未形成，主要依靠中央和地方政府政策文件来保障湿地生态补偿政策的实施。

1. 中央文件

2000年，《中国湿地保护行动计划》把"湿地开发和利用中的有价补偿利用"列入了"保护与合理利用湿地、限制破坏湿地的经济政策体系"；把"采取恢复湿地以及相应的补偿措施"列入了"促进湿地的可持续利用"的优先行动计划。

2004年，国务院办公厅在《关于加强湿地保护管理的通知》（国办发〔2004〕50）中指出，要建立国家、地方、社会各界共同参与的，多层次、多渠道的湿地保护投入机制，充分发挥各界力量，加快湿地保护的步伐。

2004年，《全国湿地保护工程规划》（2004—2030年）设计了湿地保护、湿地恢复、可持续利用示范、社区建设和能力建设五个方面的重点工程，并规定以湿地生态补偿等形式分别为这些重点工程提供资金保障。

《全国湿地保护工程"十一五"实施规划》围绕湿地保护、湿地恢复、可持续利用示范和能力建设四大建设项目，做出了中央投资42.36亿元、地方配套47.68亿元、总投资90.04亿元的湿地生态补偿资金投资规划。

2009年，我国中央一号文件《中共中央国务院关于2009年促进农业稳定发展农民持续增收的若干意见》明确提出，要开始启动湿地生态效益补偿试点工作，这成为我国湿地生态补偿机制建立的重要契机。

2010年，财政部、国家林业局发布的《关于2010年湿地保护补助工作的实施意见》决定从2010年起开展湿地保护补助工作。

2011 年，财政部印发的《中央财政湿地保护补助资金管理暂行办法》（财农〔2011〕423 号）规定了多渠道筹集资金和适当补助、突出重点和集中投入、区分轻重缓急、分步实施的中央财政湿地保护补助资金使用原则，并且规定中央财政湿地保护补助资金主要用于监测、监控设施维护和设备购置支出以及退化湿地恢复支出和管护支出。

《全国湿地保护工程"十二五"实施规划》则围绕湿地保护、湿地恢复与综合治理、可持续利用示范、能力建设、湿地生态效益补偿五个方面的重点工程，拟给予湿地生态补偿等各项投资 129.39 亿元，其中，中央投资 55.85 亿元，地方配套 73.54 亿元。

2013 年 3 月，国家林业局令第 32 号公布《湿地保护管理规定》，第二十七条规定："因保护湿地给湿地所有者或经营者合法权益造成损失的，应当按照有关规定予以补偿。"

2014 年，新修订的《中华人民共和国环境保护法》将"湿地"纳入了"环境"定义范围，并且规定"国家建立、健全生态保护补偿制度"，由此，我国正式确立了包括湿地在内的生态补偿制度的法律地位。

2014 年 7 月，财政部会同国家林业局印发了《关于切实做好退耕还湿和湿地生态效益补偿试点等工作的通知》（财农便〔2014〕319 号），进一步明确了省级财政部门、林业主管部门和承担试点任务县级人民政府及实施单位的责任，提出了加强财政资金管理的要求。

2015 年 4 月，《中共中央国务院关于加快推进生态文明建设的意见》指出，健全生态保护补偿机制，具体包括科学界定生态保护者与受益者的权利义务；结合深化财税体制改革，完善转移支付制度；加大对重点生态服务区的转移支付力度，逐步提高其基本公共服务水平；建立地区间横向生态保护补偿机制，引导生态受益地区与保护地区之间通过资金补助、产业转移、人才培训、共建园区等方式实施补偿。

2016 年 5 月，国务院办公厅正式印发了《关于健全生态补偿机制的意见》（国办发〔2016〕31 号），《意见》中提到健全生态保护补偿机制的目标：到 2020 年，实现森林、草原、湿地、荒漠、海洋、水流、耕地等重点领域和禁止开发区域、重点生态功能区等重要区域生态保护补偿全覆盖。

2. 地方政府文件

2003 年发布的《甘肃省湿地保护条例》规定占用者缴纳补偿费，费用标准由省人民政府决定。

2006 年发布的《广东省湿地保护条例》规定按照占补平衡原则，在指定地点恢复同等面积和功能的湿地。

2010 年发布的《苏州市生态补偿专项资金管理暂行办法》（苏财规字〔2010〕4 号）明确饮用水水源地保护区所在村、镇职责，生态补偿金由区、市各承担 50%。

2012 年发布的《苏州市湿地保护条例》将永久性水稻田纳入生态补偿范围；要求征、占用湿地的应按规定缴纳补偿金，并按照规定方案开展湿地恢复、保护工作。

2012 年发布的《浙江省湿地保护补助资金管理办法》（浙财农〔2012〕286 号）规定了补助专款的用途及补助范围；要求征、占用湿地的应按规定缴纳补偿金，并按照规定方案开展湿地恢复、保护工作。

2012 年发布的《北京市湿地保护条例》规定经批准占用列入名录的湿地，在指定地点恢复不少于占用面积和具备相应功能的湿地；或委托保护部门实施恢复方案，费用由建设方承担。

2013 年，武汉市出台了《武汉市湿地自然保护区生态补偿暂行办法》（武政规〔2013〕19 号），《办法》指出，要坚持"谁受损，补偿谁"的原则，建立湿地认定、补偿、监管等细则；规定资金拨付原则及范围。

2013 年发布的《河北省湿地保护规定》（河北省人民政府令〔2013〕15 号）指出实施湿地的分级管理，制定退耕还湿、补水、限牧等湿地保护和恢复措施；规范湿地保护措施，与土地利用、防洪等规划衔接。

第四节　荒漠生态补偿

一、荒漠生态补偿必要性

我国是全球受荒漠化危害较重的国家之一，防治土地荒漠化、沙化的形势十分严峻。据第四次全国荒漠化和沙化监测结果显示，截至 2009 年底，我国现有沙化土地面积 173.11×10⁴ km²、占国土总面积的 18.03%，分布在 30 个省（自治区、直辖市）的 902 个县（旗、区）；另外，具有明显沙化趋势的土地面积达 31.10×10⁴ km²，占国土总面积的 3.24%。土地沙化导致生态持续恶化、生产力下降，造成区域内生态失衡，严重制约着当地经济、社会的可持续发展。据统计，我国每年因土地沙化造成的直接经济损失超过 540 亿元人民币。荒漠化治理是一项错综复杂的系统工程，需要全民动员、长期坚持，也需要庞大的资金投入和科技支撑，更需要制度的保障，而其中合理的生态补偿制度显得尤为重要。

二、荒漠生态补偿理论研究

中国林业科学研究院卢琦研究员对"荒漠生态系统功能与服务价值"进行过专题研究，从荒漠的分类、荒漠的生态功能、荒漠生态系统服务功能监测和评估以及未来的研究方向四个方面论证了荒漠在塑造人类家园、成土固碳、储水净水、生物繁衍等方面的重要作用，厘清了长久以来对荒漠的片面认识；用典型案例阐述了荒漠在防风固沙、土壤保育、水资源调控、固碳、生物多样性保育、景观游憩方面的评估方法，并借鉴国外有关土地退化和风险防控领域的先进技术和经验，提出了未来在确立生态红线、全面监测效益、核算生态价值、实施生态补偿等方面的研究价值。

三、荒漠生态补偿政府信息

国家林业局 2016 年 2 月 14 日对外通报，当年将加大林业资源保护力度，加强荒漠植被保护，强化防沙治沙政府目标责任考核，抓好沙化土地封禁保护区补贴试点和国家沙漠公园建设，探索建立荒漠生态补偿制度和防沙治沙奖励补助机制。抓好林地年度变更调查，加强建设项目使用林地审核审批，严厉打击毁林开垦、非法占用林地等行为。

到目前为止，国家还没有出台系统的关于荒漠、沙地治理生态补偿的管理办法和细则，也没有出台较为系统的荒漠化治理的生态补偿法律法规。近年来虽然有一些具有生态补偿意义的生态工程和沙化土地封禁保护补助试点相继启动，但总体上还存在结构性的缺位。

四、荒漠生态补偿实践探索

张家口市和乌兰察布市都开展了京津风沙源治理工程，建设内容包括荒山荒沙造林、退耕还林、营造农田（草场）林网、草地治理、禁牧舍饲、水利配套设施建设、小流域综合治理以及生态移民等。

目前，张家口市和乌兰察布市两区域得到的生态补偿主要是以国家项目形式投入为主的纵向财政转移支付。如：2008—2010 年，张家口市得到的上级下达的各类环境保护资金 47.6 亿元。2000—2010 年，乌兰察布市四子王旗京津风沙源治理项目（包括退耕还林、禁牧舍饲、易地移民等）共完成投资 56 682.56 万元，其中国家投资 4 6461.95 万元，地方配套及群众自筹 10 220.61 万元，国家投资占总投资的 82%。

作为受益区的北京以对口帮扶和合作共建等方式对乌兰察布市和张家口市给予了较大帮助，其模式值得借鉴。京蒙对口帮扶从 1996 年开始第一轮帮扶合作，2010 年开始新一轮帮扶合作，目前北京市 8 个区县与乌兰察布市 8 个旗县市区已建立结对帮扶合作关系。

1995 年国务院就确立了京张对口支援合作关系，北京从生态建设项目的资金支持、以扶贫为重点的对口支援、农业合作等多方面对张家口给予援助。京张合作方面主要包括：政府组织，对口帮扶，建立"一对一"对口支援关系；北京市对张家口给予了大力支持，为贫困乡村捐款捐物，积极参与水资源保护和环境建设；张家口主动争取和承接北京辐射，蔬菜供应、生态旅游、输出剩余劳动力；张家口强化保障北京意识，大力加强生态建设和环境保护；投资绿化工程及水土保持治理项目。

张家口市赤城县为保证对北京的供水量，从 2006 年起开始启动"退稻还旱"工作，北京市每年按照平均 550 元/亩的标准，对赤城县退耕农民给予资金补贴，截至目前还旱面积达 3.2 万亩，每年可多为北京输水 2 000×10⁴ m³ 余，实现了长效补偿。

我国《防沙治沙法》第 33 条规定："国务院和省、自治区、直辖市人民政府应当制定优惠政策，鼓励和支持单位和个人防沙治沙。县级以上地方人民政府应当按照国家有关规定，根据防沙治沙的面积和难易程度，给予从事防沙治沙活动的单位和个人资金补助、财政贴息以及税费减免等政策优惠。单位和个人投资进行防沙治沙的，在投资阶段免征各种税收；取得一定收益后，可以免征或者减征有关税收。"但是，至今我国还没有关于沙地治理生态效益补偿的具体规定，补偿金的来源及其发放都成为制约沙地治理的重要因素。

第五节　海洋生态补偿

一、海洋生态补偿政策演进

我国在 2005 年之前几乎没有正式提出建立生态补偿机制的问题，严重滞后于生态保护的现实需要。2005 年 12 月国务院公布的《国务院关于落实科学发展观加强环境保护的决定》（国发〔2005〕39 号）中提出了"要完善生态补偿政策、尽快建立生态补偿机制，国家和地方可分别开展生态补偿试点"要求。这是我国较早提出建立生态补偿机制的国务院中央文件，明确指出国家和地方可以开展生态补偿试点，生态补偿制度建设得到了中央的有力支持。

2008 年 2 月，经国务院批准，国家海洋局发布《国家海洋事业发展规划纲要》，这是中华人民共和国成立以来我国首次发布的海洋领域总体规划。《纲要》提出"加强海洋生物多样性、重要海洋生境和海洋景观的保护。重点实施红树林、海草床、珊瑚礁、滨海湿地等典型生态系统的保护、恢复和修复工程。海洋保护区总面积达到管辖海域面积的 5%，推进海洋保护区网络建设。制定海洋生态受损评估标准，开展海洋生态补偿机制的研究。"这是在国务院提出建立生态补偿机制后，国家海洋局在海洋生态补偿领域做出的初步探索。

2009 年发布的《国家海洋局关于进一步加强海洋生态保护与建设工作的若干意见》中明确提出国家海洋局将制定出台《海洋生态损害补偿赔偿办法》及相关标准，建立健全海洋与海岸工程生态补偿制度，积极探索海洋生态补偿机制，条件成熟的沿海地区海洋部门要积极开展海洋生态损害补偿赔偿工作试点。

2010 年 10 月，中国共产党第十七届中央委员会第五次全体会议通过的《中共中央关于制定国民经济和社会发展第十二个五年规划的建议》中将我国"十二五"期间的海洋经济发展提升到国家战略的高度，发展蓝色海洋经济已经成为了我国可持续发展的重要保障，并提出"按照谁开发谁保护、谁受益谁补偿的原则，加快建立生态补偿机制"的战略方针。在"十二五"规划中海洋经济在国民经济发展中的地位显著提高，海洋生态保护得到重视，海洋生态补偿的原则初步形成。

2010 年 6 月，山东省财政厅、省海洋与渔业厅联合制定印发的《山东省海洋生态损害赔偿费和损失补偿费管理暂行办法》是我国出台的首个专门针对海洋生态赔偿和补偿的办法，同时制定了《山东省海洋生态损害赔偿、损失补偿评估方法》作为海洋生态补偿的标准，该《办法》在海洋生态补偿制度建设多方面做出了创新。在相关法律法规办法的指导下，山东省的海洋生态补偿实践取得了重大成就，为其他地方海洋生态补偿制度建设和实践提供了经验。

2010 年 4 月，国务院启动了生态补偿立法程序，成立了立法工作组，国家发展改革委员会西部开发司组织开展《生态补偿条例》的起草工作，并由亚洲开发银行提供技术援助，向立法者介绍国际立法经验和最佳实践方法，为地方政府的探索和实践提供良好的法律依据。海洋生态补偿作为生态补偿制度的重要组成部分被列入该《条例》的框架中。

2010 年 5 月 13 日召开的《国家生态补偿条例》起草工作小组成员第一次会议上，在立法调研分组中增加了"海洋生态补偿问题调研组"，以便了解和掌握我国海洋生态保护工作状况，推进海洋生态补偿工作。

2011年3月亚洲开发银行启动了技术援助项目《生态补偿立法研究》〔项目号：ADB TA-7699（PRC）〕，并成立了《生态补偿立法研究》课题组。《生态补偿立法研究》项目拟对国际上与生态服务付费相关的立法实践进行考察，重点对国内生态补偿立法和中央与地方政府的生态补偿实践进行实地考察并对相关实践进行分析研究，汲取经验教训并丰富国家层面的生态补偿立法。

《生态补偿立法研究》课题组由国内湿地、流域、区域、海洋、森林、矿产以及财政税收、经济分析与法律等领域的专家组成，并且邀请有关生态补偿领域的国际专家参与研究并协助安排调研工作，国家海洋局第三海洋研究所余兴光教授作为咨询专家承担了海洋生态补偿的专题研究。

2012年11月，党的"十八大"报告明确提出建立反映市场供求和资源稀缺程度、体现生态价值和代际补偿的资源有偿使用制度和生态补偿制度。我国是海洋大国，海洋在我国国土资源中占据重要地位，生态文明与美丽中国的建设都离不开对海洋的开发与保护。

2013年7月，国务院办公厅印发的国家海洋局"三定方案"中在海洋生态环境保护管理职能方面指出：依法监督陆源污染物排海，组织起草海洋自然保护区和特别保护区管理制度和技术规范并监督实施，完善海洋生态补偿制度，组织开展海洋生物多样性保护工作，组织实施重大海洋生态修复工程。

2013年11月，中共十八届三中全会提出，建设实行资源有偿使用制度和生态补偿制度，改革生态环境保护管理体制。

2014年4月24日新修订通过的《中华人民共和国环境保护法》规定了"环境保护坚持保护优先、预防为主、综合治理、公众参与、损害担责的原则"，并提出国家建立、健全生态保护补偿制度。

2014年10月，中共十八届四中全会再次提出建立健全自然资源产权法律制度，完善国土空间开发保护方面的法律制度，制定完善生态补偿和土壤、水、大气污染防治及海洋生态环境保护等法律法规，促进生态文明建设。

2015年6月，国家海洋局《关于印发〈国家海洋局海洋生态文明建设实施方案（2015—2020）〉的通知》中提出实行海洋生态补偿制度，建立生态环境损害责任追究和赔偿制度。

2016年5月发布的《国务院办公厅关于健全生态保护补偿机制的意见》提出，到2020年，实现森林、草原、湿地、荒漠、海洋、水流、耕地等重点领域和禁止开发区域、重点生态功能区等重要区域生态保护补偿全覆盖，补偿水平与经济社会发展状况相适应，跨地区、跨流域补偿试点示范取得明显进展，多元化补偿机制初步建立，基本建立符合我国国情的生态保护补偿制度体系。并在重点任务中明确了要研究建立国家级海洋自然保护区、海洋特别保护区生态保护补偿制度。

二、海洋生态补偿实践探索

1. 山东省

1）山东省海洋生态补偿立法内容

2010 年 6 月山东省财政厅、海洋与渔业厅联合制定印发了《山东省海洋生态损害赔偿费和损失补偿费管理暂行办法》，同时制定了《山东省海洋生态损害赔偿、损失补偿评估方法》。

2016 年 1 月山东省财政厅、海洋与渔业厅联合印发了《山东省海洋生态补偿管理办法》，并同时出台了《用海建设项目海洋生态损失补偿评估技术导则》（DB37/T 1448—2015），2010 年出台的文件和标准同时废止。

2）山东省海洋生态补偿制度实践情况

山东省在海洋生态补偿的法制化实践方面走在全国前列。山东省根据《办法》以及《方法》的规定，如用海行为造成 50 hm² 用海生态损害，应当缴纳 1 000 万元海洋生态损失补偿费；如果用海行为造成 1 000 hm² 用海生态损害，则应当缴纳 2 亿元损失补偿费。自该项制度实施以来，山东省 2011—2013 年对 251 个用海项目进行征缴，累计征收海洋工程生态补偿费 2.39 亿元。

2. 福建省

福建省目前正在研究制定《福建省海洋生态补偿管理办法》。近年来，福建省在海洋生态补偿的实践中，加强海洋生态保护区建设，在全省建立 40 多个各级各类海洋保护区和 5 个国家级海洋公园，对开发利用导致的生态损害进行修复。2009 年以来，全省共投入逾 6 000 万元用于渔业资源增殖放流，在莆田市南日岛、漳州诏安城洲岛等六处投入 3 700 多万元开展以人工鱼礁工程建设为主要内容的海洋牧场示范区项目建设。2014 年石狮市万弘海产有限公司在石狮市海洋与渔业主管部门的组织和指导下，在石狮市永宁镇黄金海岸海域开展海洋生态补偿鲈鱼放流活动，共放流鲈鱼苗 90 000 余尾，苗种费约 7.5 万元。此外在厦门市、泉州市等沿岸地区大量种植红树林，对于恢复海岸生态环境起到了极其重要的作用。

3. 江苏省

2013 年 12 月，江苏省政府办公厅印发《江苏省生态补偿转移支付暂行办法》。2014 年苏州市人大通过了《苏州市生态补偿条例》，并于 2014 年 10 月 1 日起实施，这是地方在生态补偿立法上取得的成果之一。

江苏省自 2010 年以来，连云港市海洋工程生态补偿及环保共投入资金 2 亿元，用于增殖放流、人工藻场建设等，寻求用海项目"建"与"补"的平衡。连云港大力推进海州湾海洋牧场建设，于 2013 年投入资金 1 000 万元，建设人工鱼礁 5 570 个，海域面积达 22.5 km^2。

4. 浙江省

2013 年 12 月 18 日，浙江省海洋与渔业局发布了《浙江省海洋生态损害赔偿和损失补偿管理暂行办法》（草案）的征求意见稿，未正式实施。

浙江省在海洋生态补偿的实践方面采取行动较早，主要表现在以下三个方面。

第一，在海洋生态保护区生态补偿方面，为保护和修复海洋生态环境，各级政府都投入了大量的人力、物力、财力，用于开展人工鱼礁、海洋特别保护区及渔业资源增殖放流等生态建设工程。浙江省规划 2003—2020 年在浙江省沿海岛礁附近建设 15～18 座人工鱼礁。浙江省海洋与渔业局从 2011 年开始着手在瓯江南口海域筹建海洋生态公园，目前，该地区已有种植秋茄、桐花树及一些红树林其他实验品种，种植面积 300 多亩，极大改善了龙湾海洋生态环境，缓解了海洋开发活动给海洋生态造成的破坏，修复了受损海洋生态系统。此外，2007 年舟山市根据上级有关法律法规着手实施海洋生态补偿新机制，即由相关涉海企业出资，在有关部门的监管下，对特定海域进行渔业资源增殖放流，增殖放流是舟山市实施海洋生态补偿的主要方式。

第二，针对海洋开发利用活动的生态补偿工作较多，例如，2007 年，舟山市针对污染严重、影响大的围填海，海上爆破等工程进行海洋生态补偿试点；2008 年在全市范围内对所有涉海工程实施海洋生态补偿。据统计：2008 年至 2013 年 7 月底，全市共签订涉海工程海洋生态补偿合同 183 份，合同金额 8 620 万元，目前已到位 2 144 万元。到位率约 1/4，实际已用于海洋生态修复资金约 2 000 万元。2011 年 6 月 10 日，浙江省洞头县首例填海项目海洋生态补偿成功实施。温州海华欣润玻璃有限公司于 2010 年 8 月通过公开出让方式取得洞头县大门镇乌仙头嘴东侧一宗建设用海，根据项目海洋环境影响报告对海洋生态资源经济损失的估算，通过渔业增殖放流的形式对海洋生态进行补偿。

第三，采取工程修复方式进行海洋生态补偿。2014 年 4 月 29 日，根据"谁开发、谁保护，谁破坏、谁恢复"的原则，龙湾区海洋与渔业局协助业主单位甬台温高速公路复线温州乐清至瑞安段跨海桥梁（机场段）工程采取人工种植红树林的生态修复措施在龙湾树排沙海洋公园进行海洋生态补偿，该修复措施严格按照《温州市海洋工程生态补偿验收流程》开展，共计补偿红树林秋茄胚轴 1 258.5 kg，83 069 株，补偿金额为 33.16 万元，成为浙江省海洋生态补偿的又一成功案例。

此外，杭州市和台州市人民政府分别于 2005 年和 2008 年出台了《建立健全生态补偿机制若干意见》，对补偿原则、途径和措施、补偿标准、补偿模式、财政制度等做出了规定。

5. 广东省

广东省人民政府办公厅 2012 年 4 月印发了《广东省生态保护补偿办法》。广东省于 2001 年率先以人大决议的形式投资 8 亿元建设沿海人工鱼礁 100 座。广东大亚湾开发区安排资金扶持失海社区发展，对失海渔民进行创业扶持和生活补贴。深圳市加大财政转移支付、督促用海企业通过人工种植红树林，建设人工鱼礁等形式开展海洋生态补偿工作。

6. 其他地方实践

此外，上海市人民政府于 2009 年出台了《关于本市建立健全生态补偿机制的若干意见》，对补偿原则、途径和措施、补偿标准、补偿模式、财政制度等做出了规定。

三、海洋生态补偿相关标准

2007 年 5 月 1 日起实施的推荐性海洋行业标准《海洋溢油生态损害评估技术导则》，是针对溢油的海洋生态损害评估方法，损失费计算较为全面。另外，《建设项目对海洋生物资源影响评价技术规程》和《渔业污染事故经济损失计算方法》是针对生物资源损失与渔业资源损失的计算方法，在国内较为广泛地采用。

国家海洋局于 2013 年出台了《海洋生态损害评估技术指南（试行）》（国海环字〔2013〕583 号），此指南规定了海洋生态损害评估的工作程序、方法、内容及技术要求。

上述主要是针对生态损失或损害补偿方面的标准，而针对海洋生态保护补偿的标准未出台，由海洋三所牵头编制的《海洋保护区生态补偿评估技术导则》已完成编制，目前正处于报批阶段。

第六节　流域生态补偿

一、流域生态补偿理论分析

流域生态补偿是生态补偿的一个重要分支，它是一种通过政府宏观调控实现公平利用流域内水资源的经济管理政策，主要包括流域生态破坏补偿和流域生态保护补偿两种类型。流域生态破坏补偿指对流域生态环境产生破坏或不良影响的生产者、开发者和经营者应对环境污染、生态破坏进行补偿，对生态环境由于现在的使用而放弃的未来价值进行补偿[61]。流域生态保护补偿是指通过行政、法律和市场等手段，实现流域生态保护受益地区对因保护流域生态环境而受到各种限制和失去发展机会的上游地区给予优惠政策、资金、技术和实物等形式的补偿，其实质是通过流域上中下游地区之间部分财政收入的重新分配过程，把流域生态保护的责任和利益进行分割，中下游受益区对上游生态环境保护做出的牺牲进行补偿，以实现"责任与利益"的平衡[62]。

流域生态补偿的主体包括：①一切从流域水资源中受益的群体，包括工业生产用水、农牧业生产用水、城镇居民生活用水、水力发电用水、利用水资源开发的旅游项目、水产养殖等；②一切生活或生产过程中向外界排放污染物，影响流域水量和流域水质的个人、组织和单位，主要包括具有排放污染物的工业企业、商业、家庭、市政用水、水上娱乐及旅游用水等。流域生态补偿的对象主要是执行水环境保护工作等保障水资源可持续利用做出贡献的地区。

补偿额度的测算是流域生态补偿的核心和技术关键，国际上一般以上游土地的机会成本作为补偿的依据，具体测算方法包括土地耕种净收益的估算和居民支付意愿调查等。我国学者认为，流域生态补偿额度的测算主要以上游地区水环境保护的直接投入和机会成本，以及上游地区新建的流域水环境保护设施和受惠地区所接受的水量与水质为依据。

流域生态补偿的方式和途径很多,按照不同分类方法有不同的分类体系。按照补偿方式可以分为资金补偿、实物补偿、政策补偿、技术补偿和产业补偿等;按照补偿方向可以分为纵向补偿和横向补偿。补偿实施主体和运作机制是决定补偿方式本质特征的核心内容。目前,国外流域生态补偿主要通过公共支付、开放式贸易、协商贸易、生态标记等市场化途径进行支付;我国流域生态补偿机制以政府支付为主,具体可分为基于大型项目的国家支付、地方政府支付、小流域自发的交易模式、水权交易和水资源量的用水费支付等方式[63]。

二、流域生态补偿实践进展

1. 国际实践经验

国际上,流域生态服务市场最早起源于流域管理和规划,目前比较成功的案例主要集中在美国、澳大利亚以及哥斯达黎加和厄瓜多尔等拉丁美洲地区。1989 年,美国纽约市对其上游的卡茨基尔河和特拉华河流域实施了以改善流域管理为主的计划,其做法主要是在政府决策得以确定后,由水务局协商确定流域上下游水资源与水环境保护的责任与补偿金额,通过对水用户征收附加税、发行纽约市公债及信托基金等方式筹集补偿资金,再以财政补贴和政策倾斜等方式补偿上游水源地的环境保护主体,以激励他们采取有利于环境保护的友好型生产方式,从而改善了流域的水质。哥斯达黎加则有通过国家林业基金向保护流域水体的个人进行付费的实践[64]。例如,该国一家私营水电公司为保证水量供应,减少水库的泥沙沉积,按照每公顷土地 18 美元的标准向国家林业基金提交资金,国家政府基金则在此基础上按每公顷土地另外添加 30 美元,以现金的形式支付给上游的私有土地主,同时要求这些私有土地主必须同意将他们的土地用于造林、从事可持续林业生产或保护有林地,而对于刚采伐过林地或计划用人工林来取代天然林的土地主将没有资格获得补助[65]。厄瓜多尔 1998 年成立了水资源保护基金,其经费主要来源于水费,用户也可成立协会向基金捐款。该基金独立于政府,但与政府的生态环境保护项目配合,由专业机构来运作。澳大利亚则由联邦政府实施经济补贴,以此推进各省的流域综合管理工作。

2. 国内实践现状

（1）相关政策与法规

目前，我国和地方现有的政策、法规都对流域生态补偿做出了直接规定。2008 年通过的《水污染防治法》第 7 条明确规定："国家通过财政转移支付等方式，建立健全对位于饮用水水源保护区区域和江河、湖泊、水库上游地区的水环境生态保护补偿机制"，这是我国第一次从国家立法层面做出的规定，为我国建立流域生态补偿法律制定及制定具体的实施办法提供了有力的法律依据。之后，2010 年通过的《水土保持法》第 31 条也对流域生态补偿做出了规定："国家加强江河源头区、饮水水源保护区和水源涵养区水土流失的预防和治理工作，多渠道筹集资金，将水土保持生态效益补偿纳入国家建立的生态效益补偿制度"。2014 年，水利部联合财政部、国家发改委和中国人民银行印发的《水土保持补偿费征收使用管理办法》是我国水土保持生态补偿领域的重大举措，对于保护和合理利用水土资源、有效控制人为水土流失、有效维护和改善生态环境具有重要的意义。

在国家政策和立法的引导下，近年来，各地纷纷探索并制定了流域生态补偿的地方性政策与法规。2011 年重庆市人大常委会通过的《重庆市长江三峡水库库区及流域水污染防治条例》规定了水环境功能规划单位，并规定了跨区域河流断面水质监测单位以及将监测结果作为生态补偿依据。2011 年辽宁省人大常委会通过的《辽宁省辽河流域水污染防治条例》规定："建立对位于饮水水源保护区区域和河流、水库上游地区的水环境生态保护补偿机制，建立市、县交界处河流断面水质超标补偿机制"。2012 年湖南省人大常委会通过的《湘江保护条例》第 45 条明确规定，建立健全湘江流域上下游水体行政区域交界断面水质交接责任和补偿机制；上游地区行政区域交界断面水质未达到阶段水质目标的，应对下游地区予以补偿，反之，如果上游地区行政区域交界断面水质达到阶段水质目标，则下游地区对上游地区予以补偿；2012 年湖北省人大常委会通过的《湖北省湖泊保护条例》做出了类似规定。2014 年贵州省出台的《贵州省赤水河流域水污染防治生态补偿暂行办法》提出，按照"保护者受益、利用者补偿、污染者受罚"的原则，在毕节市和遵义市之间实施水污染防治生态补偿。2015 年，江西省政府印发了《江西省流域生态补偿办法（试行）》，明确提出了全省流域生态补偿的实施范围、主要原则、资金筹集、资金分配等内容，其中，实施范围包括鄱阳湖和赣江、抚河、信江、饶河、修河等五大河流以及长江九江段和东江流域等，涉及全省100个县（市、区）；同年，福建省政府印发出台的《福建省重点流域生态补偿办法》提出，对跨设区市的闽江、九龙江、敖江三个流域实行生态补偿办法，资金筹措和分配上向流域上游地区和欠发达地区倾斜，对水质状况较好、水环境和生态保护贡献大、节约用水多的市、县加大补偿。

（2）相关实践案例

在我国，流域保护服务补偿主要是通过国家的大型项目实施，即国家购买流域生态与环境服务的形式来实施生态补偿政策。由于资金有限，中央政府主要集中投资于重要水源地、大型生态功能区、自然保护区和生态脆弱地区，对于城市饮用水源地保护和行政辖区内中小流域上下游的生态补偿问题，则通常是由地方政府以协商、谈判和环境协议等形式实现流域补偿[66]。例如，北京市与河北省境内水源地之间的水源保护协作，东江源区采用财政转移支付与水电费补偿相结合的补偿模式进行跨界（省界）补偿，新安江流域生态补偿的实践，以及浙江省金华市采取异地开发的补偿模式进行生态补偿等。由于以政府为主导的补偿模式受资金、管理和区域等多方面的限制，在一些中小流域还出现了多种形式自发的补偿交易模式。例如浙江省湖州市德清县生态补偿长效机制的构建，金华市金东区源东乡与傅村镇以解决非点源污染的小流域补偿交易，云南保山市小寨子河的水购买协议，以及苏帕河流域水电公司补偿支付模式等。有的地方也探索了一些基于市场机制的生态补偿手段，如浙江省东阳市与义乌市开展的水资源使用权交易[67]，宁蒙"投资节水、转换水权"的模式。

截至2010年，我国已经有15个省份开展了类型多样的流域生态补偿实践探索，其中辽宁、浙江、福建、江西和河北五省通过国家环境保护部的引导，先后开展了流域生态补偿的试点工作，而江苏、河南、广东、山东等省份也自发开展了若干流域生态补偿的实践[68]（表4-1）。截至2012年，我国已有8个省份出台了流域生态补偿的相关规定。

表4-1　我国流域生态补偿相关案例

补偿目的	起始时间	补偿范围	项目/案例名称	主要补偿模式
江河源头保护	1998年	全国	天然林保护工程	政府主导
	1999年	全国	退耕还林（草）工程	政府主导
	2004年	青海	三江源自然保护区生态保护和建设工程	政府主导

补偿目的	起始时间	补偿范围	项目/案例名称	主要补偿模式
饮用水源地保护	2006 年	江西/广东	东江源流域生态补偿	水权交易
	2007 年	河北/北京	密云水库生态补偿	水权交易
	1996 年	浙江	金磐扶贫经济开发区生态补偿	异地开发
	2001 年	浙江	东阳-义务流域水资源生态补偿	水权交易
	2005 年	浙江	德清县重要水源涵养区生态补偿	水资源专项基金
	2016 年	江西	全省流域生态补偿	政府主导
	2016 年	福建	重点流域生态补偿机制	政府主导
水污染控制	2011 年	安徽/浙江	新安江流域生态补偿试点	政府主导
	2015 年	广西/广东	九洲江流域水环境生态补偿	政府主导
	2016 年	福建/广东	汀江-韩江流域水环境生态补偿	政府主导
	2005 年	浙江	金华江流域生态补偿	异地开发
	2009 年	河北	全省河流水污染防治生态补偿	政府主导
	2014 年	江苏	全省水环境区域生态补偿	政府主导
	2014 年	山东	重点流域水污染治理生态补偿	政府主导

第七节　耕地生态补偿

一、耕地生态补偿理论分析

一直以来，传统理论对耕地价值的认识只是单纯地停留在耕地经济价值的层面上，而忽略了耕地所拥有的涵养水源、维持土壤肥力、美化净化环境、水土保持等生态功能以及保障粮食安全和社会稳定的社会功能，而耕地资源经济、社会和生态价值三者的有效统一，有机结合才是最理想的状态。

多年来国外有关耕地生态补偿市场机制方面的研究工作陆续展开，1986 年美国政府农业生态保护的主要措施是休耕计划，主要内容是农民主动提出与政府签约要求，将那些生态脆弱或者不适于耕作的耕地转为草地、林地或停止耕作，政府对参加休耕计划的农民进行补偿。德国十分重视本国的生态农业，注重耕地的净化空气、涵养水源、保持土壤肥力、旅游观光价值等生态系统服务功能，而且在土地利用规划中也强调了耕地的生态功能，德国在保护耕地数量、农地转为非农用地的过程中，也注重对耕地质量的保护，防治耕地生态环境的污染和破坏，实施环境友好型的农业生产方式，建立绿色、生态、安全可持续的农业发展体系。在理论研究方面 Muradian 等（2010）为生态补偿协议是建立在土地管理行为和农田生态系统产出这一关系基础上的。这种关系存在一定程度的不确定性[69]。Arrow 等[70]（2000）、Van Noordwijk 和 Leimona[71]等（2010）都认为生态补偿能够使生态服务的提供者和维护者的利益得到确保，使得土地管理者和生态服务的使用者达成一致，处于和谐状态。

目前国内也有关于耕地生态补偿或者农田生态补偿的提法。马洪超等论述面对土地征用所引发的环境问题，现行的土地征用补偿制度却未对此加以回应。鉴于此，在土地征用补偿制度中应构建生态补偿机制[72]。马爱慧运用 CVM 和 CE 两种方法对武汉市的耕地资源生态补偿额度进行了定量研究[73]。方斌等认为农田生态补偿即对耕地进行补偿，并对农田生态补偿机制进行了设计，对补偿主体、补偿客体、补偿标准、补偿模式的选择等进行了创新性设计，是在农田生态补偿方面比较前沿的研究[74]。在耕地生态补偿实证研究方面，岳冬冬等研究了稻鱼共生的渔业生产活动在减少 CH_4 和 N_2O 排放方面的作用，并运用造林成本法计算了全国所有存在稻鱼共生系统省份在 2011 年的碳减排量价值[75]。方斌等基于农田生态系统在食物提供、原材料提供、气体调节、气候调节、水文调节、废弃物处理、保持土壤、维持生物多样性等服务价值的大小，测算了耕地占用补偿的标准。

二、耕地生态补偿实践

在法律法规方面，我国《土地管理法》第四章规定了耕地保护的内容，主要内容为对占用耕地数量的补偿，其中也提及关于耕地生态保护，但条文较少；《基本农田保护条例》也只是规定了占用基本农田数量的保护，对农田生态补偿问题未涉及；《农业法》有几处涉及农业生态环境，但只是提到政府的监管和保护义务，并没有耕地生态补偿相关的事项。另外，在鼓励和优惠措施方面，我国法律中规定对于肆意破坏耕地的行为进行惩罚性或者一些禁止性规定，在《环境法》中规定，对保护和改善生态环境有突出贡献的单位和个人，由当地人民政府提供奖励，条文中对耕地保护作出贡献的鼓励的规定未有细化；在《土地管理法》和《基本农田保护条例》中，奖励措施也未得到具体化。在监管体系方面，《土地管理法》在把监督检查作为标题单列一章，但是由于资金、技术和人力物力等方面有一定的限制，我国目前尚未建立起专门的耕地保护的动态监测体系，只是规定了对违法行为的惩罚措施；《宪法》和《环境法》中有涉及公民的检举控告权。针对这些问题，近年来全国各地对农田生态补偿机制作了有益的探索，其中典型的有中山市的《中山市耕地保护补贴实施办法（征求意见稿）》，办法确定了耕地生态补偿执行两级补贴标准。

第五章　海洋保护区生态补偿标准评估的总体思路

综上所述，当前生态补偿标准的主要确定方法有其各自的特点、适用范围和限制条件。本章在国内外生态补偿理论和实践研究的基础上，结合我国海洋保护区保护对象的特点、保护目的以及建设与管理现状，同时考虑到生态补偿标准实施的科学性和可操作性，针对海洋保护区的不同类型，提出了生态补偿标准确定的总体思路，具体内容如下。

第一节　海洋自然保护区生态补偿标准评估思路

一、海洋和海岸自然生态系统保护区

从我国海洋自然保护区类型的划分特点来看，海洋和海岸自然生态系统保护区以具有一定典型性和特殊保护价值的海洋和海岸生物群落及其周围环境作为保护对象，注重整体恢复和提高典型海洋生态系统的生态系统服务供给能力和供给数量，因此，该类保护区的生态补偿标准主要依据生态保护与恢复活动所产生的生态系统服务价值增益或者海洋开发利用活动所导致的生态系统服务价值损益来确定。

二、海洋生物物种自然保护区

海洋生物物种自然保护区以海洋野生生物种群及其自然生境和海洋经济生物物种及其自然生境作为保护对象，强调海洋野生物种的珍稀性、濒危性及其在科研、教学、医学等方面的特殊价值和海洋经济物种的重要经济价值，从保护的目的来看，该类保护区更侧重于海洋物种多样性保护。通过梳理大量的国内外生态补偿研究案例发现，意愿价值法（CVM）在生物多样性价值评估中的应用最为广泛和成熟，因此，可以 CVM 作为该类保护

区生态补偿标准的确定依据。

三、海洋自然遗迹和非生物自然保护区

海洋自然遗迹和非生物自然保护区的保护对象包括地质遗迹、古生物遗迹、自然景观遗迹以及其他海洋非生物资源。与前两个自然保护区类型相比，该类保护区的保护对象大都为不可再生的非生物资源，在保护区建设与管理实践中所涉及的生态保护措施相对单一，且当前大众对于该类自然保护资源的保护意识不深，鉴于以上分析，可以采用成本法对该类保护区的生态补偿标准进行评估。

第二节　海洋特别保护区生态补偿标准评估思路

一、海洋特殊地理条件保护区

海洋特殊地理条件保护区的保护对象为具有重要海洋权益价值和特殊海洋水文动力条件的海域和海岛，其保护目的针对的并非保护对象的生态学特性，因此，可以按成本法确定该类保护区的生态补偿标准。

二、海洋生态特别保护区

海洋生态特别保护区的保护对象包括珍稀濒危物种自然分布区、典型生态系统集中分布区以及其他生态敏感脆弱区或生态修复区。海洋生态特别保护区涵盖了海洋和海岸自然生态系统保护区和海洋生物物种自然保护区的保护内容和保护目标，但同时还涉及社会经济、自然资源和生态环境等多方面的协调与管理，因此，可以基于 CVM 对这类保护区的生态补偿标准加以确定。

三、海洋资源特别保护区

海洋资源特别保护区的保护对象为重要海洋生物资源、矿产资源、油气资源及海洋能

等资源开发预留区域，海洋生态产业区和各类海洋资源开发协调区。该类保护区的保护内容包含可再生的生物资源和不可再生的非生物资源两部分，保护的目的侧重于促进海洋资源的综合开发与可持续利用。本文按成本法对该类保护区的生态补偿标准进行测算。

四、海洋公园

海洋公园的保护对象以海洋生态系统和海洋景观为主，建立的目的兼顾了海洋生态保护、生态旅游、历史文化研究和环境教育。同样地，目前 CVM 是普遍用于科研、文化和娱乐价值评估的重要方法，在国际上被用于海洋公园生态补偿研究的案例非常丰富，与此同时，考虑到海洋公园生态补偿涉及的利益相关者范围较广，且大众对海洋公园保护重要性的认识越来越深，主要根据 CVM 确定海洋公园的生态补偿标准。

第三节　统一采用成本法评估海洋保护区生态补偿标准的思路

无论是海洋自然保护区还是海洋特别保护区，均采用机会成本法进行评估。海洋保护区是指专供海洋资源、环境和生态保护的海域，包括海洋自然保护区、海洋特别保护区。有的保护区是纯粹的水域保护区，也有些是包括一定陆地区域的海岸带保护区。无论是海域空间，亦或是陆地区域的土地资源，都是稀缺资源，并且具有多种用途，因此，它们都符合机会成本法应用的基本前提，即"该资源是稀缺资源，而且具有多种用途"。海洋保护区为保护海洋自然环境和自然资源不仅进行了大量的人力、物力和财力的投入，而且限制了一些产业的发展，影响了收入，损失了发展权，这部分机会损失属于海洋保护区生态环境保护的机会成本。

第六章　海洋保护区生态系统服务价值评估

生态系统是生物圈的基本组成单元，它对人类的生存与发展有不可替代的作用。然而，在相当长的历史时期内，人们曾错误地认为生态系统提供的资源是大自然理所当然的赠与，是取之不尽、用之不竭的。工业革命以来，全球人口数量剧增、资源大量消耗，自然环境遭到了前所未有的巨大冲击，各类生态系统的结构和功能都出现了不同程度的退化[76]。生态系统的退化反过来又影响人类的生活生产，这才使人们意识到生态资源的使用是有代价的，因而开始寻求一种权衡社会经济发展与生态保护的科学理论体系。

20 世纪 70 年代，学界出现了"生态系统公共服务"和"自然服务"等提法，这些是生态系统服务的概念雏形。同时，也开始有观点认为对大自然所提供的服务进行货币化评价是十分必要的，但是这项工作并不容易开展[77,78]。1983 年，"生态系统服务"（Ecosystem services）这一概念在 Ehrlich 和 Mooney 的论文中首次出现，他们认为自然生态系统所提供的各项服务是无法替代的，维持生态系统服务的关键是要尽量减少人为的物种灭绝[79]。20 世纪 90 年代，有科学家开始了关于生态系统服务价值的实践研究[80,81]。这些研究都表明了人们开始重视生态系统对人类社会提供的非市场化服务，并且尝试着对这些服务的价值进行定量化评估。然而，无论是理论研究还是货币化评估方法，在这一阶段都还没有形成完整的体系。

1997 年，Daily 主编的专著第一次全面地介绍了生态系统服务理论体系和价值研究方法[82]；同年，Costanza 等人计算了 1994 年整个地球生物圈所提供的生态系统服务价值[83]。这两项具有里程碑意义的研究成果在国际范围内引起了广泛关注，生态系统服务价值的货币化评估也由此被普遍认为是沟通生态学和经济学的桥梁。中国学者在第一时间就对 Daily 和 Constanza 的学术成果进行了解读，由此将生态系统服务及其相关理论介绍到中国[84~86]。

过去十年，科学家们进行了大量关于生态系统服务价值的研究，这些研究结论使政府和公众普遍开始重视生态资源的使用成本，同时，还有相当一部分研究成果为区域规划和政策制定提供了参考依据[87,88]。然而，多数关于生态系统服务价值的研究都是基于陆域生态系统开展的，关于海洋和海岸带生态系统服务价值研究的深度和广度都相对不足[89,90]。

海洋拥有地球 96.5% 的水资源，是全球水循环的中心，是生物圈温度和湿度的调节器。同时，海洋对碳、氮、氧、硫、磷等主要物质的循环也起着关键作用，通过物质循环，海洋每年为生物圈提供了近 40% 的初级生产力。然而，近年来人类的社会高速发展使得海洋环境遭到严重的破坏——无序的岸线开发破坏了海洋生物的原始栖息地，降低了海洋生物多样性[91]；过度捕捞造成了渔业资源大量削减，这些减少的渔业资源进而又影响了全球近 30 亿人口的生计[92]；海岸带区域仅占地球土地的 4%，却承载了地球上超过三分之一的人口，高人口密度的海岸带区域形成了大量的陆域污染源，对海洋环境造成了严重的威胁[93]。此外，由于人类活动导致的海洋酸化，对海洋渔业资源以及海洋旅游资源也都带来明显的负面影响[94]。

联合国环境规划署在其报告中明确指出，保持海洋环境、维持人类长期的食品安全、减缓贫困，保持海洋人文景观都完全依赖于健康、有活力的海洋生态系统服务[95]。因此，客观识别和准确评估海洋生态系统服务价值，合理开发利用海洋资源，是科学管理和保护海洋生态环境的基本前提。随着基于生态系统的海洋管理理念不断推广以及人们对海洋生态系统的基础研究不断深入，海洋生态系统服务识别及其价值评估已成为国际上相关研究人员和政策制定者共同关注的焦点。

第一节　理论研究

科学合理的理论框架，是海洋生态系统服务价值研究的基础，它在很大程度上决定了海洋生态系统服务价值核算的客观性。

一、海洋生态系统服务的概念内涵

1. 生态系统服务

关于生态系统服务，目前学界还没有统一定义，早期 Costanza 等[83]、Daily[82] 以及 Cairns[96] 对生态系统服务的描述较具有代表性。虽然这些描述在书面表述上略有不同，但三者的内涵可以归纳为：①生态系统服务来源于生态系统结构和过程；②生态系统服务包括了生态系统提供的物质型产品和非物质性服务；③生态系统服务的对象是人类。2001 年启动的"新千年生态系统评估"（Millennium Ecosystem Assessment，MA）是一项改善生态系统管理状况的国际合作计划，其进一步将生态系统服务的定义明确为：人类从生态系统中获得的效益[93]。与 Costanza、Daily 以及 Cairns 三者的描述相比较，MA 直接用效益来定义生态系统服务，更强调了生态系统服务形成过程中人类的主观需求，较为符合目前以人类福利为主线的生态系统服务研究趋势，因此得到广泛认可。之后，一些相关学者也明确指出生态系统服务的实质就是"效益"或"效用"[97,98]，当然，也有少数学者认为生态系统服务的本质是"过程"[99]。

值得强调的是，近年来学界常出现"生态系统服务功能"这样的提法。本书认为生态系统服务与生态系统功能是完全不同的两个概念。首先，"生态系统功能"是指生态系统对一个环境内能量流、物质流和有机物进行控制的生态过程[100]。它是生态系统本身独立具备的基本属性，它不依人的需求而实现。而"生态系统服务"可以归纳为"人类直接或间接从生态系统获得的福利或效益"[101]，其强调人类对生态系统的需求，首先人类要有需求，需求被生态系统满足了，生态系统服务才能形成。因此，从两者的概念区别可以看出，生态系统功能是实现生态系统服务的基础，生态系统服务是生态系统功能的目的。此外，一个特定的生态系统，其功能与服务并不是一一对应的关系，有些情况下，一种服务需要由多种功能来共同实现，而有时一种功能可以实现多种服务。

2. 海洋生态系统服务

中国学者较早开始了关于海洋生态系统服务的理论研究，并依照各自的观点阐述了海洋生态系统服务的内涵。陈尚等认为海洋生态系统服务是由海洋生态系统及其生态过程所提供的、人类赖以生存的自然环境条件及其效用[102]；张朝晖等认为海洋生态系统服务指以海洋生态系统及其生物多样性为载体，通过系统内一定生态过程来实现的对人类有益的所有效应集合[103]。通过比较发现，这些关于海洋生态系统服务的定义大多是各种广义生态系统服务概念的衍生。此外，还有学者通过海洋生态系统服务产生的载体、实现的途径和对人类的效应 3 个方面界定了海洋生态系统服务的内涵：海洋生态系统服务产生的载体是海洋生态系统；海洋生态系统服务是通过一定的生态过程来实现的，并且一定要有海洋生物的参与；从服务最终的效应来看，海洋生态系统服务强调的是对人类的正效应[104]。

二、海洋生态系统服务的分类

对生态系统服务进行分类是研究其价值的前提，清晰的分类能使人们更为准确、详尽地识别生态系统给人类社会带来的福利，能在计算生态系统服务价值时避免重复计算，同时，在自然资源管理过程中也保证了决策者能科学地认识各项生态系统服务之间的权衡与协同[101,105]。

1. 已有的分类体系

近年来学界已出现多种关于生态系统服务的分类标准，但不可能有一种分类方法对于所有生态系统都是适用的[106]。首先，对生态系统服务的定义从根本上决定了生态系统服务的分类标准，例如前文中所提到的，Beaumont 认为生态系统服务的本质是一种"效益"（benifits）[98]，而 Atkins 等则将生态系统服务看成是一种"过程"[107]，这两种不同的定义必然导致不同的生态系统服务分类理念。Fisher 等认为，关于生态系统服务的定义要一致，但是关于生态系统服务分类的方法要多样，其提出的"fit-for-purpose"分类思想，强调了要依照研究和决策的目的进行分类，例如，在对生态系统服务价值进行评估时，要重点考察人类从生态系统服务中获得的福利，并以此作为分类标准[105]。

Costanza 等认为海洋生态系统提供了气体调节、气候调节、干扰调节、营养循环、废物处理、生物控制、栖息地、食物生产、原材料生产、基因资源、休闲娱乐及科研文化 12 项服务[83]。Peterson 和 Lubchenco 指出，海洋生态系统提供了渔业和原材料生产、物质循环、污染物和废弃物处理、滨海旅游休闲、沿岸土地形成、文化和将来的科学价值 6 项服务[108]。MA 将生态系统服务归纳为供给服务、调节服务、文化服务和支持服务 4 大基本类型，其中，海洋生态系统的供给服务包括食品供给、原材料供给与基因资源 3 种；调节服务包括气候调节、空气质量调节、水质净化、有害生物干扰与疾病控制 5 种；文化服务包括精神文化服务、知识扩展服务和旅游娱乐服务 3 种；支持服务包括初级生产、物质循环、生物多样性和提供生境 4 种[93]。Barbier 和 Edward 依照经济学的原理，将 MA 所定义的"人类从生态系统获得的效益"分为 3 类：①商品（指从生态系统获取的实际产品，如农产品和渔获品）；②服务（指生态系统的调节和栖息地功能所提供的服务，如旅游、娱乐服务）；③文化服务（指精神和宗教信仰的寄托、认知水平的提高以及遗产价值）[109]。此外，还有学者利用专家决策平台对海洋生态系统进行分类。Hattam 等在前人提出的分类基础上[110,111]，通过专家咨询的方式确定最后的海洋生态系统服务类别，分别为食物供给、生物原材料、空气净化、气候调节、减缓干扰、水文调节、废弃物处理、防止海岸侵蚀、生物控制、生物栖息、基因池保持、休闲娱乐旅游、审美体验、设计灵感、文化遗产、文化多样性、精神体验、认知发展 18 类，同时，他们还对每一类服务所提供的人类福利进行了描述，提出了各种福利的定量化评价方法[112]。目前看来，国内外许多生态系统服务价值研究都参照MA的方法对生态系统服务进行分类，它也可以被认为是目前海洋生态系统服务分类的标杆。但是，也有学者认为MA的分类方法需要改进，因为其混淆了生态系统服务实现的"方式"和"目的"[105,113]。

也有中国学者在研究实践过程中提出了海洋生态系统服务分类方法。虽然这些方法多以Costanaza的分类框架为基础，对服务项目做了适当的删减调整[114~116]，但它们都为国内海洋生态系统服务的价值研究提供了一定的理论依据。在实际研究过程中，研究人员能结合研究区域的生境特点对上述分类方法进行修改。

2. 基于生态系统服务级联模型的分类

MA评估报告提出生态系统服务与人类福祉应作为生态系统评价的核心内容[117]，生态系统服务如何给人们带来福祉？这些福祉在何处实现？谁来实现？以及在不同的政策情景和人文环境下，这些福祉的价值会如何变化？这是生态系统分类为后续研究工作所必须提供的信息[118]。"结构与过程—功能—服务—福祉—价值"或是"结构与过程—功能—服务—福祉"这样的生态系统服务级联模型（Ecosystem Services Cascade Mode）[119]正是基于"生态系统服务与人类福祉"这样的研究目标构建的，级联框架中从左至右伴随着人类价值取向的渗透与人类投入的增多，因而能更为细致地展现从生态系统结构到人类福祉实现的整个过程（图6-1）。这对传统的生态系统服务分类方法有很明显的改进，如今也日渐成为海洋生态系统服务分类的主流思想，得到了许多政府部门和研究人员的认可，并将其应用于海洋生态系统服务价值研究、海洋空间规划等多个方面[89]。

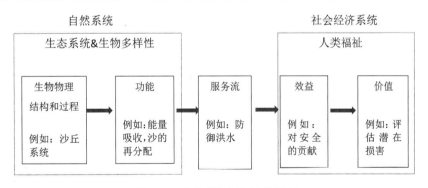

图6-1 生态系统服务级联模型

生态系统服务级联模型充分考虑人类对于生态系统服务的实际需求，是一种基于效用价值理论的分类标准，其结合人类的价值取向，明确识别那些真正对人类生活生产有价值的生态系统服务，为之后的货币化评估提供了完整的理论体系。然而，从已有的实践研究来看，界定生态系统服务价值产生的 5 个级联环节的难度很大，尤其是生态系统结构与过程和生态系统功能这两个环节之间的界限模糊不清。因此，这就需要更多的基础研究工作来支撑生态系统服务级联模型的应用。此外，人类对于生态系统以及生态系统服务的认知水平决定了从人类福祉到生态系统服务价值这两个环节之间的连贯性，只有人类对于生态系统服务的认识达到了一定水平，才能主观意识到非市场化生态系统服务的价值所在。因此，进一步深入对海洋生态系统的基础研究，并且开展与海洋生态系统服务相关的公众科普宣传，对于提高海洋生态系统服务价值评估的精度是十分必要的。

三、小结

海洋生态系统服务相关理论主要包括海洋生态系统服务的概念内涵和分类体系，这些都是开展海洋生态系统服务价值研究的基础。

在逐步明确海洋生态系统生物和非生物结构、生态系统过程、生态系统功能的基础上，才能识别海洋生态系统可能带给人类的服务。此外，在进行海洋生态系统服务价值研究时，还要客观考虑人类从生态系统获得的效益，以人的需求和效用为标准来筛选有价值的服务类型，例如，一个海域的渔业资源丰富，却没有人在此进行捕捞作业，那么在价值计算时，我们就不该考虑它的渔业供给服务价值。总而言之，对海洋生态系统服务的筛选原则可以归纳为"功能为前提，需求为导向"。

第二节　实践研究

人口数量的增加和经济的发展，导致了人类社会对海洋生态资源的需求不断扩大，从而造成海洋生态资源的过度利用。对海洋生态系统服务价值进行货币化评价，可以使人们重视非市场化的海洋生态资源价值，并将其纳入政府部门的发展决策之中，进而有效保护海洋生态环境，实现基于生态系统的海洋管理。至今，生态系统服务价值已成为了生态学和生态经济学最为重要的研究方向之一，2008 年后，每年的相关科研成果都呈指数增长。然而，相对于陆地生态系统服务而言，关于海洋生态系统服务的价值研究有很大的差异性[120]，必须专门构建适用于海洋生态系统服务的价值评估模型，不能套用那些原本应用于陆地范围的研究方法[121]。已有的研究实践表明，评估生态系统服务价值最根本的挑战依然是对自然生态系统结构和功能的描述以及对人类福祉的客观估价[122]。而在分析生态系统服务价值评估结果时，最大的难点是如何协调短期的私人效用和长期的社会需求之间的矛盾[123,124]。对于海洋生态系统也是如此。1991年，世界上首个关于海洋生态系统服务价值的研究成果公开发表之后[125]，所有的海洋生态系统价值评估也都是基于"生态系统与人类福祉"以及"效用权衡"这两个关键主题开展的。

一、不同空间尺度的海洋生态系统服务价值研究

1. 大尺度的海洋生态系统服务价值研究

从全球海洋系统到单个海洋生态系统，都有相关的生态系统服务价值研究案例。在此，将研究对象是国家及以上区域的海洋的生态系统服务价值研究定义为大尺度的海洋生态系统服务价值研究。Costanza等估算了全球海洋生态系统服务的总价值，结果显示，全球海洋生态系统1994年所提供的服务价值约为20.9万亿美元，其中近海为10.6万亿元[83]。Martinez等的研究显示，海洋对整个生物圈的经济价值贡献达到了60%以上[126]。Gutiérrez等发现洪堡德海流区大生态系统每年可提供价值约195亿美元的生态系统服务，但其现已面临全球气候变化的威胁[127]。Donata等的研究结果表明，地中海海洋生态系统提供的固碳服务价值流在1 270万欧元/年到1.72亿欧元/年之间，单位面积的价值流为−135~1 000欧元——地中海沿岸各个区域的固碳作用是不同的，有些起着积极作用，有些却是净碳源，因而其价值为负值[128]。Albert等发现所罗门群岛珊瑚三角区生态系统的供给服务维持了海岸带区域约1亿居民的生计，其供给产品主要包括两类：一类是渔业产品，如鱼类、海草、贝类等，另一类是珊瑚产品，如沙石、石灰以及名贵珊瑚装饰品；每年人均获得的供给服务价值十分可观，渔业产品价值约为5 173美元，珊瑚产品价值为2 213美元[129]。陈仲新等计算得出1999年中国海洋生态系统服务价值约为2.17万亿人民币/年，是同年中国GDP的1.73倍[130]。

这些大尺度的海洋生态系统价值评估结果共同说明了：①生态系统服务的价值可以进行货币化评估，并且价值十分可观；（2）生态系统服务对于人类社会的意义重大；③人类不能只看到生态系统提供的商品价值，一味地追求短期经济效益。这些研究结论为生态环境保护的社会宣传提供了科学的理论支撑，使各部门普遍开始重视生态系统为人类提供的非市场化服务，有效地识别各类生态系统所面临的威胁。然而，由于此类研究涉及空间范

围较大，因而较难为具体的区域规划和政策制定提供参考依据。此外，国家以上大空间尺度的海洋生态系统价值研究对数据和评估技术的要求也相对较高。

2. 中小尺度的海洋生态系统服务价值研究

通过文献检索可以发现，相对于大尺度的海洋生态系统服务价值研究，目前中小空间尺度的海洋生态系统服务价值研究是主流，其研究成果在该领域中占绝大多数。其中，中等空间尺度的研究是指那些基于一个国家范围内局部海域所开展的生态系统服务价值研究：Kira 和 Benjamin 研究了德国南部海域的生态系统文化服务价值，认为风电场的建设对当地的生态系统服务带来了负面的影响[131]；de Juan 对智利中部海岸的生态系统供给服务价值进行了计算，并利用 DPSIR 框架分析当地社会和海洋生态系统之间的相互关系[132]。

小尺度的研究是指那些基于城市、小型岛屿所开展的海洋生态系统价值研究：Glenn-Marie 和 Narriman 估算了桑给巴尔岛的生态系统服务价值，并将该项价值纳入地方收入账户，同时，他们还研究了各项生态系统服务价值在 5 类利益相关者之间的分布状况[133]；Pierre 等调查发现，马提尼克岛拥有珊瑚礁、海草床和红树林 3 种生态系统，这些生态系统每年约为当地提供了价值 2.5 亿欧元的生态系统服务，其中，旅游和渔业供给价值占到了总价值的 60%，然而，目前这些服务总价值以每年 2 500 万欧元的速度在减少，因此当地政府应立刻采取生态系统保护措施[134]；程飞等的评估结果表明，2010 年象山港海湾生态系统服务的总价值约为 27.16×10^8 元/年，单位面积海域生态系统服务的价值约为 482.16×10^4 元/（km^2·a）[135]；Zheng 等人对桑沟湾的海水养殖生态系统服务价值进行了估算，并利用成本效益分析模型来权衡海水养殖的经济收入与环境损失之间的关系[136]；秦传新等人的研究表明，杨梅坑人工鱼礁构建后旅游娱乐服务价值所占比例由 87% 降至 42%，食品供给服务价值所占比例由 7% 升至 27%，原材料供给、气候调节、空气质量调节、水质净化调节、有害生物和疾病的生物调节与控制、知识扩展服务价值所占比例有所提高[137]。

国内外关于中小空间尺度的海洋生态系统服务价值研究案例很多，在此仅列举具有空间代表性的研究成果。很明显，这些中小空间尺度的研究成果为海洋资源开发管理提供了丰富的科学依据，在很大程度上促进了全球海洋与海岸带的可持续发展。此外，在时间尺度上，由于数据的局限性，目前多数海洋生态系统服务的价值评估都是基于某一特定年份的静态评估，动态化的海洋生态系统价值研究需要有长时间序列的评价数据作为支持。

二、典型海洋生态系统服务价值研究

1. 大洋生态系统服务价值研究

海洋生态系统可以分为大洋生态系统和近岸生态系统两大类，而近岸生态系统又包括海湾、红树林、滩涂、海草（藻）床、珊瑚礁、河口、海岛、沙滩和养殖生态系统 9 类典型生态系统。从目前的研究成果来看，已开展的海洋生态系统价值研究已基本涵盖了以上所有的生态系统类型。

由于地理区位的特殊性，大洋生态系统与人类社会经济发展的关系并不像近岸生态系统那样密切，因而关于其生态系统服务价值研究的案例也相对较少。Jobstvogt 等认为大洋生态系统能提供食物供给、营养物质循环以及固碳三种服务，他们通过居民的支付意愿，分别估算了大洋深海生物的存在价值和选择价值[138]；Holmund 分析了在大西洋斯德哥尔摩群岛海域放流 5 种鱼类对当地生态系统服务价值带来的影响[139]。

2. 近岸生态系统服务价值研究

关于近岸生态系统服务价值的研究主要以红树林、珊瑚礁以及海草床生态系统研究为主。

红树林是陆地生态系统与海洋生态系统之间的过渡区，由于其特殊的生态功能及较高的生产力，近年来已成为海洋生态系统服务价值研究的热点。红树林能为人类提供物质供给、抗风消浪、造陆护堤、净化污染物、生物多样性维持以及科研文化等服务[140]，1999 年印度飓风和 2004 年印尼海啸发生后，红树林生态系统所提供的抗风消浪服务更是受到了亚洲许多政府部门和科研机构的高度重视[141,142]。多数研究成果证明，了解红树林生态系统服务的价值可以为海岸带开发、应对气候变化及利益相关者权衡等海岸带管理策略提供参考依据[143~145]，并且目前关于红树林生态系统服务的价值评价方法已十分成熟[146]。

珊瑚礁生态系统在维持海洋生物多样性方面起着不可替代的作用，它是上百万物种的栖息地，并且科学家在其中还不断发现新的物种，因此，珊瑚礁被称为"海洋绿洲"[147]。另外，珊瑚礁还是潜水、海钓等旅游项目的重要场地[148]，对海岸线保护也具有重要意义[149]。Cesar 等估算得出夏威夷海域珊瑚礁提供的渔业福利价值为 130 万美元/年[150]；

Zeller 和 Pauly 研究发现，1982—2002 年，小规模的珊瑚礁渔场为萨摩亚群岛和北马里亚纳群岛提供了价值约 5 470 万美元的生态系统服务[151]。此外，菲律宾[152]、墨西哥[153] 等地珊瑚礁生态系统的渔业供给价值都有学者进行了估算分析。另一方面，值得关注的是，近年来全球水族馆商品贸易量急剧上升，这些水族贸易品主要是从珊瑚礁捕获的观赏型鱼类和软体动物[154]。除了渔业供给服务，珊瑚礁生态系统的旅游休闲和岸线保护服务价值也已有相关研究，但这两项服务的价值不如渔业供给服务那样易于定量，只能采用条件价值法和成本节约法进行评估，因此社会经济条件和区位因素会对这两项服务的价值产生比较明显的影响，使其在不同地区之间很难具备空间可比性[155,156]。从以上列举的研究案例可知，尽管目前世界范围内已开展了许多关于珊瑚礁生态系统服务的价值研究工作，但这些研究大多只关注珊瑚礁生态系统的供给服务价值，而对于其他调节服务和支持服务的研究相对不足。珊瑚礁生态系统虽然蕴藏着丰富的生态资源，但它同时也是海洋中最为脆弱的生态系统[157]。因此，今后应该对珊瑚礁生态系统的所有服务价值展开更为全面的研究，以实现珊瑚礁保护和海岸带区域社会经济发展的协同效应。

海草床是由海洋被子植物构成的生态系统，在世界上大部分的海域都有分布。海草床对维持海洋自然环境有十分重要的意义[158]，它能提供多种生态系统服务，如提供海洋动物栖息地、支持食物链、防止岸线侵蚀以及净化水质等[159]。Campagne 等认为波喜荡草海草床生态系统能提供 25 类生态系统服务，他们只计算了与其中 11 类服务相关的 7 种人类福利价值，结果表明，这 7 种福利的价值为 283~513 欧元/（hm²·a），这个计算结果显然是被低估了，但它还是表明了海草床生态系统能带来十分可观的生态经济效益，因此在海洋资源开发利用时应该对海草床生态系统进行保护[160]。Fernando 等的研究结果显示，海神草海草床作为重要的鱼类繁殖和生长场所，为当地渔场提供了价值可观的生态系统服务，对于以渔业经济为主的岛屿国家，很有必要将海草床的保护纳入当地立法架构，同时还要提高社会公众对海草床价值的认知水平[161]。韩秋影等对广西合浦海草床生态系统的服务功能进行了价值评估，结果表明，2005 年该地区海草生态系统服务的间接利用价值最大，为 70.97%；其次为非利用价值，为 24.52%；价值最少的是直接利用价值，仅占总经济价值的 4.51%[162]。此外，还有研究人员从生态、社会和制度三个维度讨论了海草床生态系统服务对于人类社会的利益权衡以及协同效应[163]。

三、生态系统服务价值研究与海洋行政管理

海洋生态系统服务价值研究对于海洋行政管理具有重要的科学意义和应用价值，其不

仅可为海洋环境保护、资源利用和空间规划提供理论支撑；为污染事故赔偿金、海洋生态补偿金、海域使用金等行政收费标准的确定提供参考依据，还可作为海洋生态修复的定量化效益监测手段。

英、美两国一直以来都十分重视生态系统服务价值研究在海洋规划管理中的作用，并通常将生态系统服务价值评估与费用效益分析相结合来制定管理政策。Tobias 等分别总结了英国和美国的案例，证实了生态系统服务价值评估对海洋规划管理的关键意义，并且在过去海洋规划管理的实践过程中，许多生态系统服务价值的评估方法都得到了不断的改进[164]。Castaño-Isaza 等关于圣安德烈斯沙滩游客支付意愿的调查结果显示，游客在个人旅游花费的基础上，还愿意多支付相当可观的费用用于当地沙滩岸线保护，这项研究是圣安德烈斯沙滩生态系统服务付费（PES）计划的关键环节，它分析了私人部门参与沙滩保护的驱动力，同时也强调了生态系统价值研究是实现海洋保护区财政可持续性的关键[165]。Luisetti 等利用基于生物物理的方法和基于福利价值的方法来核算不同政策情景下英格兰北部黑水河口和亨伯河口生态系统服务的存量价值和流量价值，研究证明了在不同政策情景下，价值会在不同的生态系统服务和福利之间流转，此外，无论是基于生物物理方法的生态系统服务价值核算还是关于生态系统的福利核算都能为政策制定提供可靠的信息[166]。

自从生态文明建设上升到国家战略层面以后，中国政府也开始重视生态经济研究对于行政管理的重要作用。2013 年 11 月，中国共产党十八届三中全会提出，要建设实行资源有偿使用制度和生态补偿制度。近几年，国内出现了许多基于行政管理目的的生态系统服务价值研究案例，其中，海洋生态系统服务价值研究多数是为确定海洋生态补偿标准提供参考依据。Sun 等开发了一套经过改进的海洋生态系统服务价值定量模型，并利用此模型对因为人类开发活动造成的海洋生态系统服务价值损失进行评估，这为如何将生态系统服务价值研究与海洋生态系统管理、规划、修复和补偿相结合提供了启示[167]；Rao 等指出，在确定海洋生态损害赔偿标准时必须充分考虑生态系统服务的空间分布以及用海方式，同时，他们通过研究发现，在中国现有的管理体制下，多种类型用海方式所造成的生态损害都没有得到足够的资金补偿[168]；Cai 等估算了工业化、城镇化所带来的污染对珠江口生态系统造成的损失，结果显示，污染已严重损害了当地海洋生态系统的水质净化服务、渔业供给服务和科研文化服务[169]。此外，为缓解土地供需矛盾，中国沿海地区近年来开展了大规模围填海工程，这对海洋生态环境产生了严重的负面影响，为构建合理的生态损害补偿机制，筹措海洋资源与生态系统修复资金，国内许多学者进行了相关的生态系统服务价值研究，在此基础上制定用海生态损害补偿标准，利用经济杠杆调整海洋开发利用行为[170~172]。

四、生态系统服务价值研究与海洋保护区

海洋保护区（Marine Protected Area）是一种特殊的海洋行政管理手段。IUCN 将海洋保护区定义为："受法律等有效手段保护的，任何潮间带和潮下带的地貌以及其上部的水体、动植物群落以及历史文化遗迹"[173]。海洋保护区的设立能减少人类活动对自然环境造成的压力，使得自然生态系统服务的质量和数量都得以提高。对于保护区规划和管理来说，能同时反映生态系统状况和社会经济状况的相关指标是考核保护区管理效率的主要依据[174]。

一直以来，各地设立海洋保护区最基本的目的是对栖息地和物种进行保护，因此社会各界普遍认为，海洋保护区维持的仅仅是环境效益。然而，生态系统服务价值全面展示了海洋保护区可观的经济效益，海洋保护区生态系统服务价值评估为保护区选址、公众宣传、空间规划、利益相关者权衡、生态补偿等一系列决策环节都提供了全面客观的科学依据[175,176]。此外，作为一种海洋行政管理手段，海洋保护区生态系统服务价值也是其能否获得社会支持的决定性因素[177]。2012 年，英国政府着手建立全国范围内的海洋保护区一体化生态网络，以此来恢复和保护海洋自然环境，近年来有一些英国学者围绕这个主题开展了与海洋保护区相关的生态系统服务价值研究[178]。其中，Niels 等指出，海洋保护区的文化服务来自于一个立体的环境空间，因此保护区的海面和海底景观，标志性和非标志性的物种都应得到保护。此外，他们依照"英国国家生态系统评价"（UK National Ecosystem Assessment，UKNEA）框架，以条件价值法导出潜水者、垂钓者以及保护区管理者对于未来海洋保护区文化服务的支付意愿，同时了解海洋文化服务使用者和管理者的消费偏好，结果显示，生态系统服务使用者的支付意愿受空间因素的影响，而影响生态系统服务管理者支付意愿的因素有行政约束力、物种保护以及个人对保护区的态度[179]。Hussain 分别计算了三种政策情景、两种管理体制下，英国近海海洋保护区网络所可能带来的福利价值，并分析了各种保护措施的边际福利[180]。诸如此类的海洋保护区生态网络建设，需要对不同时空条件下对各类海洋生态系统服务价值都进行准确的定量分析，这样才能有效地配置海洋生态资源，实现海洋保护区网络的生态协同效应。

除了英国之外，其他国家也广泛开展了有关海洋保护区生态系统服务的价值研究。Michael 等通过调查发现，圣文森特和格林纳丁斯岛的居民和游客都认为健康保护、渔业供

给、岸线保护、生态系统恢复、潜水旅游这些是海洋保护区所提供的基本生态系统服务；同时，该研究对海洋保护区利益相关者进行选择实验分析，比较了加强保护和取消保护两种政策情景下，海洋保护区生态系统服务的价值变化情况，结果显示，在"取消保护"的政策情景下，人们对这些服务的支付意愿会比"加强保护"情景高，并且游客对生态系统服务的支付意愿一直都高于本地居民[181]。Börger 同样利用选择实验的方法来评估离岸海洋保护区的生态系统服务价值，调查显示，离岸海洋保护区的物种多样性价值最为可观，因为公众认为，其一方面能维持稀有物种的存在，另一方面能抵御外来物种的入侵[182]。Nicolas 认为，海洋自然保护区对当地经济系统的影响主要表现在居民收入和就业这两个方面，实现保护区效益的前提是生态系统服务在不同的使用者之间可以进行商品化交易，并且这些服务使用者仅仅以娱乐休闲为使用目的，而不是以商品生产为使用目的[183]。Rees 对海洋自然保护区生态系统服务进行价值定量和空间分析，以此来描述海洋保护区对当地社会经济的影响，分析结果显示，海洋保护区的设立改变了原来休闲娱乐活动的空间分布，但使得潜水和租船等商家的营业额都有所增长，以至于整个区域的旅游休闲服务价值上涨了 2 200 万欧元，由此可见海洋保护区对当地社会经济的影响是正面的[184]。刘星等利用旅行费用区间分析法计算了南麂列岛海洋自然保护区的旅游价值[185]。Han 等研究了广西合浦海草床自然保护区的生态系统服务价值，结果表明，海草床生态系统的间接利用价值最高，占 70.97%，其次为非使用价值，占 24.52%；直接使用价值最低，仅为 4.51%[186]。此外，两国甚至多国海域之间的共同保护区将是今后海洋保护区建设的重点关注领域，在确定共同保护区的政策框架和界定各个国家的保护责任时，海洋生态系统服务价值研究将会是必不可少的环节。

五、小结

不同空间尺度，不同研究对象，不同研究目的的海洋生态系统服务价值研究共同丰富了人类对于海洋生态资源的认识。更重要的是，这些研究成果为海洋环境管理、空间规划、保护区建设等行政决策提供了科学、可靠的理论依据。但是，有学者指出，不同行政背景下，海洋生态系统服务用途和价值会有很大差异，总的来看，目前全球范围内的生态系统服务价值研究对于政策的影响力还十分有限[187]。海洋生态系统服务价值评估结果的科学性是决定其社会认可度的关键因素，因此，必须通过多维度的实践来提高海洋生态系统服务价值评估的精确度。首先，要加强海洋基础科学研究，更加深入地了解各类海洋生态系统，对于其结构和功能要从定性研究上升到定量研究的水平；其次，要进一步研究海洋生态系统服务流的消费与分配机制，目前，学术界对于海洋生态系统服务本身的分类与定性研究已经取得了较大的进展，但关于生态系统服务与人类福祉之间的关系的研究还较少。

第三节　与海洋保护区生态补偿相关的生态系统服务价值评估

针对海洋保护区的建立所产生的水土保持、水源涵养、气候调节、生物多样性保护、景观美化等生态服务价值进行综合评估与核算。

海洋保护区生态系统服务价值评估过程由三个部分构成，首先对保护区的生态系统特点进行分析，划分出保护区内的生态系统类型；其次根据调查结果以及生态特点，确定每种生态系统类型的主要服务种类；最后是确定评估方法以及计算的基本参数，并完成计算过程。

一、典型海洋保护区生态系统类型分析

典型海洋保护区生态系统类型参照《海洋自然保护区类型与级别划分标准》（GB/T 17504—1998）[6]确定。根据《海洋自然保护区类型与级别划分标准》，我国海洋自然保护区的保护对象可分为三大类：①海洋和海岸自然生态系统；②海洋生物物种；③海洋自然遗迹和非生物资源。其中，以海洋和海岸自然生态系统为保护对象的海洋自然保护区宜根据生态系统服务价值确定其生态补偿标准。

根据生态系统的不同，以海洋和海岸自然生态系统为保护对象的海洋自然保护区又可分为10个类型，分别为：河口生态系统、潮间带生态系统、盐沼生态系统、红树林生态系统、海湾生态系统、海草床生态系统、珊瑚礁生态系统、上升流生态系统、岛屿生态系统以及大陆架生态系统（表6-1）。

表 6-1　我国海洋保护区类别和类型

保护对象	保护区类型
海洋和海岸自然生态系统	河口生态系统
	潮间带生态系统
	盐沼（咸水、半咸水）生态系统
	红树林生态系统
	海湾生态系统
	海草床生态系统
	珊瑚礁生态系统
	上升流生态系统
	大陆架生态系统
	岛屿生态系统
海洋生物物种	海洋珍稀、濒危生物物种
	海洋经济生物物种
海洋自然遗迹和非生物资源	海洋地质遗迹
	海洋古生物遗迹
	海洋自然景观
	海洋非生物资源

通过概念辨析比较，发现《海洋自然保护区类型与级别划分标准》规定的 10 类生态系统有部分定义存在从属关系，例如，盐沼生态系统、红树林生态系统都属于潮间带生态系统，而盐沼生态系统、红树林生态系统、潮间带生态系统又都属于大陆架生态系统；另一方面，还有几种生态系统有空间共存的可能性，例如，盐沼生态系统和红树林生态系统可能共存，河口生态系统与红树林生态系统也可能共存，海湾生态系统和海草床、珊瑚礁生态系统都可以共存。因此，为了避免生态系统服务分类模糊以及生态系统服务价值重复计算，在此以《海洋自然保护区类型与级别划分标准》为主要参考依据，结合已有的研究文献，选取河口生态系统、盐沼生态系统、红树林生态系统、海湾生态系统、海草床生态系统、上升流生态系统、珊瑚礁生态系统、岛屿生态系统作为典型海洋保护区生态系统。

对典型海洋保护区生态系统服务进行分类的前提是这些生态系统独立存在，相互之间没有空间共存现象，如盐沼和河口生态系统没有红树林存在，海湾生态系统没有珊瑚礁存在。在确定潮间带和大陆架这两类非典型生态系统的服务类型时，可根据实地自然环境状况，将典型海洋保护区生态系统服务类型进行叠加补充。例如，潮间带上若同时存在河口和红树林，那么这个潮间带生态系统服务的类型应该是河口和红树林两种典型海洋保护区生态系统服务的合并叠加。

二、典型海洋保护区生态系统服务的基本分类

参照"新千年生态系统评估（Millennium Ecosystem Assessment，MA）"报告，结合相关研究文献，识别各类典型海洋保护区生态系统的服务类型。

根据 MA 评估报告，每个典型海洋保护区的生态系统服务可分为四大类：供给服务、调节服务、文化服务和支持服务，每一类服务中包含着多项服务类型，这些服务的形成都有生物的参与，并且能为人类社会带来正的效益[92]。每种典型海洋保护区生态系统的服务类型见附录 A。

三、生态系统服务供给与消费的空间特点

Brendan 等认为，生态系统服务的供给与消费区域可能存在 4 种关系。如图 6-2 所示，P 代表生态系统服务的供给区域，B 代表生态系统服务的消费区域：第一种情形，生态系统服务的供给与消费发生在同一个区域（例如土壤形成和物质供给服务）；第二种情形，P 提供的生态系统服务全面地为其外围区域带来了福利（如固碳服务）；第三种情形，高海拔的区域提供的生态系统服务供给其相邻的地海拔区域消费（如水源调节服务）；第四种情形，生态系统服务由河海沿岸生态系统提供，其定向地为岸线区域提供洪水防御、风暴防御等福利[118]。

由此，根据供给和消费的空间关系，海洋保护区生态系统服务可以被分为 3 类：

本地生态系统服务：生态系统的供给与消费在同一个区域。

全方位生态系统服务：一个地方提供的生态系统服务全面地为其外围区域带来福利。

定向的生态系统服务：一个地方提供的生态系统服务流为特定的区域带来福利。

每类典型海洋保护区生态系统各项服务的供给与消费空间关系，见附录 A。

四、以生态系统服务价值为基础的海洋保护区生态补偿方案

分析保护区生态系统服务供给与消费特点是识别保护区利益相关者，确定生态补偿方

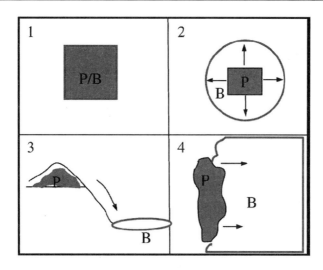

图 6-2　生态系统服务供给与消费区域可能存在的 4 种空间关系

图片来源：Brendan F R，Kerry T，Paul M. Defining and classifying ecosystem services for decision making.

Ecological Economics. 2009，68：643-653.

案的关键。参照 Brendan 等提出的 3 类生态系统服务供给与消费空间关系，结合海洋保护区管理措施，本导则拟定两种基于生态系统服务价值的海洋保护区生态补偿方案：

（1）根据保护措施实施以后，保护区对其区域范围之外提供的全方位生态系统服务的价值增量来对生态系统保护者进行补偿。此类补偿属于效益型生态补偿，适用于成立时间较长，且具有丰富历史生态调查数据的保护区。保护区沿岸居民通过保护海洋生态系统，使其生态系统服务流量增加，这使得保护区范围以外的利益相关者也相应地享有了更多的生态系统服务。依照"谁受益，谁付费"的原则，以海洋保护区成立以后，生态系统提供的所有全方位生态系统服务的年均价值增量作为确定补偿金总额的依据。

（2）根据因为保护措施的实施，当地利益相关者享有本地生态系统服务的价值减少量进行补偿。此类补偿属于损失型生态补偿，适用于成立时间较短或缺乏历史生态调查数据的保护区。在非排他性海域，任何人都有接受海洋生态系统服务的权利，而保护区的设立限制了一些利益相关者对本地生态系统服务的消费。因此，以保护区成立以后，当地利益相关者享有本地生态系统服务的价值减少量作为确定生态补偿总金额的依据。总体看来，由于海洋保护区的设立，消费受限制的本地生态服务主要包括所有的供给服务以及调节服务中的废弃物处理服务。

五、与海洋保护区生态补偿相关的生态系统服务

上文中设计的两种生态补偿方案涉及的生态系统服务有：

（1）海洋保护区提供的全方位生态系统服务。

（2）海洋保护区所提供的本地生态系统服务。

结合附录 A 中依照服务供给与消费空间关系对海洋自然保护区生态系统服务进行的分类，全部典型海洋生态系统的全方位服务可归纳为：气候调节、科研教育、旅游休闲，但保护区范围外的利益相关者在使用科研教育和旅游休闲服务时，已承担了相应的成本（如交通费用、门票费用等），这等于对这两项服务的价值进行了支付，因此在核算生态补偿标准时，科研教育、旅游休闲两项服务的价值不予考虑。

全部典型海洋生态系统的本地服务可归纳为：所有的供给服务、支持服务以及调节服务中的废弃物处理、蓄洪防涝两项服务。然而，所有支持服务是形成其他三大类服务的基础，其价值已经通过其他服务表现出来，在评估海洋生态系统服务价值时，不需要对支持服务进行核算。因此，在计算以生态系统服务价值为基础的生态补偿标准时，不用考虑海洋自然保护区生态系统支持服务的价值。同时，生态系统蓄洪防涝服务的价值也不会因为保护区的设立而有所改变，在计算生态补偿标准时，也不必考虑其价值。

由此，与海洋保护区生态补偿相关的生态系统服务有：渔业供给、装饰品供给、气候调节、废弃物处理（表 6-2）。

表 6-2　与海洋保护区生态补偿相关的生态系统服务

	服务类型	服务消费与供给空间关系
渔业供给	供给服务	本地服务
装饰品供给	供给服务	本地服务
气候调节	调节服务	全方位服务
废弃物处理	调节服务	本地服务

六、与海洋保护区生态补偿相关的生态系统服务价值评估

参考《海洋生态资本评估技术导则》（GB/T 28058—2011），结合相关研究文献，确定

与海洋保护区生态补偿相关的生态系统服务价值评估方法[188]。

1. 评估范围

与海洋保护区生态补偿相关的生态系统服务价值评估范围应为行政区域与保护区毗连的乡镇，若以岛屿生态系统为保护对象的保护区，应以整个岛屿为评估范围。

2. 数据来源

（1）渔业供给与装饰品供给

渔业产品捕捞量宜根据与保护区毗邻乡镇的"渔业统计年鉴（报表）"确定，也可通过现场调访获得；装饰品产量通过现场调访获得。捕捞设备成本数据包括：渔船油耗量、捕捞设备折旧成本，这些宜根据"渔业统计年鉴（报表）"结合现场调访确定；捕捞人力成本宜根据"渔业统计年鉴（报表）"和与保护区毗邻县市的《国民经济与社会发展统计公报》确定。养殖面积根据与保护区毗邻乡镇的"渔业统计年鉴（报表）"确定，养殖空间成本以当地海域使用金和滩涂转让价格为标准。

（2）气候调节

浮游植物的初级生产力应采用实测数据或推算数据，应取自相关海洋调查报告。大型藻类的干重应采用其资源量调查数据，应取自相关资源调查报告。二氧化碳的单位价格应采用我国环境交易所或类似机构二氧化碳排放权的平均交易价格。

（3）废弃物处理

保护区海域废弃物处理量应采用相关研究报告（论文）确定的环境容量值，或实际接纳的废弃物数量。实际排海废弃物数量的数据应通过实地调查获取。废弃物处理单位成本应根据相关县市环境统计年鉴（报告）提供的污染治理设施的运行费用和废弃物处理量计算得到。

3. 评估方法

（1）渔业供给与装饰品供给

渔业供给服务可以分为捕捞供给和养殖供给服务。其中，捕捞供给服务的价值可以与装饰品供给服务一样，采用生产成本法计算，计算公式如下：

$$V_p = \sum Q_i \times P_i - C_h - C_f$$

式中，V_p 是捕捞供给或装饰品供给服务价值（元）；Q_i 是生态系统第 i 种渔业产品或装饰品的数量（kg 或 t），P_i 是第 i 类捕捞渔业产品或装饰品的平均价格（元/kg 或元/t）；C_h 为渔业捕捞或装饰品获取过程中的人力成本（元），C_f 为渔业捕捞或装饰品获取过程中的设备成本（元）。

计算渔业产品平均价格时，将渔业捕捞产品分鱼类、甲壳类、贝类、藻类以及其他类这 5 类。某类捕捞产品平均价格计算方法如下：

先确定水产品主要品种。以鱼类为例，若评估海域鱼类水产品共 n 种，先将这 n 种鱼的产量从高到低排序，并依次累加。假如前 m 种鱼的累计产量达到鱼类总产量的 70%，则这 m 种鱼即确定为鱼类的主要品种。其他 5 类水产品的主要品种依此法确定。之后将该类水产品各主要品种的市场价格乘以各自的产量占所有主要品种总产量的比例得出该类水产品的平均价格。具体计算公式为：

$$P = \sum p_i \times k_i$$

式中，P 为某类水产品的平均市场价格，单位为元/kg；p_i 为第 i 个主要品种的年平均单价，单位为元/kg；k_i 为第 i 个主要品种产量占所有主要品种总产量的比例。

装饰品的平均价格计算方法可参考捕捞渔业产品。

C_h 的计算公式为：

$$C_h = W_m \times Q_h$$

式中，W_m 为保护区毗邻县市的农民人均年收入（元/年），Q_h 为保护区毗连乡镇参与海洋捕捞的劳动力数量（人）。

C_f 包括燃油成本和设备折旧成本，计算公式为：

$$C_f = C_o + C_d$$
$$C_o = O_f \times M_f \times T_d \times (365 - R_y)$$
$$C_d = M_d \times Q_d / 16$$

式中，C_o 为燃油成本（元），C_d 为设备折旧成本（元）；O_f 为渔船单位动力的油耗［L/（kW·h）］，钢质拖网渔船的平均油耗为 0.23 L/（kW·h），M_f 为保护区毗连乡镇参与海洋捕捞的渔船总动力数（马力或 kW，1 马力 = 0.735 kW）；T_d 为渔船平均每天的作业时间；R_y 为保护区所在省每年的休渔期天数；M_d 为钢质渔船的单位造价（元/t）；Q_d 为保护区毗连乡镇参与海洋捕捞的渔船总吨数（t）。

由于养殖生产的苗种、饵料以及养殖运输设备等均为人为投入，海洋生态系统仅仅为渔业养殖提供了生产空间。因此，在计算渔业养殖服务价值时，仅考虑养殖空间的年使用成本，并使用替代成本法计算：

$$V_a = V_s + V_m$$

$$V_s = C_s \times S_s / 15$$

$$V_m = C_m \times S_m / t$$

式中，V_a 是生态系统养殖供给价值（元），V_s 是海域使用价值（元），V_m 是滩涂使用价值（元）；C_s 是单位面积海域的海域使用金收费标准（元/hm²），S_s 是海水养殖的总面积（hm²），开放式养殖用海的最长使用期限为 15 年；C_m 是单位面积滩涂转让金（元/hm²），S_m 是滩涂养殖总面积（hm²），t 是滩涂使用年限。

（2）气候调节

基于海洋植物（潮间带植物、浮游植物和底栖植物）固定二氧化碳的原理计算海洋生态系统气候调节价值。首先计算海洋植物年固碳量。

对于浮游植物，固定二氧化碳量的计算公式为：

$$Q_C = 3.67 \times Q_{pp}$$

式中，Q_C 为单位时间单位面积水域浮游植物固定的二氧化碳量，单位为 mg/（m²·d）；Q_{pp} 为浮游植物的初级生产力，单位为 mg/（m²·d）。

对于大型底栖藻类，固定二氧化碳量的计算公式为：

$$Q_C = 1.63 \times Q_a$$

式中，Q_C 为大型藻类固定的二氧化碳量，单位为 t/a；Q_a 为大型藻类的干重，单位为 t/a。

对于大型潮间带植物（如红树林），固定二氧化碳量的计算公式为：

$$Q_C = 1.63 \times \Delta B$$

式中，Q_C 为大型潮间带植物固定的二氧化碳量，单位为 t/a；ΔB 为单位面积的潮间带植物生物量增量，单位 kg/（m²·a）。

气候调节服务价值应采用替代市场价格法进行评估。计算公式为：

$$V_C = P_C \times Q_C$$

式中，V_C 为固碳服务价值（元）；P_C 为二氧化碳排放权的市场交易价格（元/t）；Q_C 为海洋保护区中所有植物的固碳总量。

（3）废弃物处理

利用替代成本法评估废弃物处理服务的价值。首先，废弃物处理量评估有两个方法可以选用：

a. 对于已知环境容量的保护区海域，宜采用环境容量值进行评估，废弃物处理的物质量按 COD、氮、磷等的容纳量计算。也可按排海废弃物的数量进行评估。排海废弃物主要考虑入海废水。

b. 对于未知环境容量的保护区海域，宜采用排海废弃物的数量进行评估。排海废弃物主要考虑入海废水。

如果评估海域已知环境容量，基于环境容量值的计算方法作为仲裁方法。若海域水质标准低于当地海洋功能区划中的水质要求，宜采用环境容量值计算方法。

废弃物处理服务的价值为：

$$V_d = P_d \times Q_d$$

式中，V_d 为废弃物处理的价值（元）；P_d 为当地废弃物处理的单位成本（元/t）；Q_d 为年入海废弃物数量（t）或是废弃物的年环境容量（t）。

（4）不同年份之间的价格与成本换算

在进行生态系统服务价值评估时若不能获得评估当年的单位价格或单位成本，宜采用相邻年份的单位价格或单位成本进行代替。价格或成本换算应根据消费价格指数或生产价格指数进行修正，其中，商品价格根据消费价格指数修正，生产成本根据生产价格指数进行修正。同时，若要进行不同年份生态系统服务价值的加减，应在完成生态系统服务价值评估之前，将所有的单位价格和单位成本换算成同一年份。

相邻年份的单位价格修正的计算公式如下：

$$PP_1 = PP_2 \times CPI_1/CPI_2$$

式中，PP_1 为评估当年的商品价格，PP_2 为相邻年份的商品价格；CPI_1 为评估当年的消费价格指数，CPI_2 为相邻年份的消费价格指数。

相邻年份的生产成本修正的计算公式如下：

$$PC_1 = PC_2 \times PPI_1/PPI_2$$

式中，PC_1 为评估当年的生产成本，PC_2 为相邻年份的生产成本；PPI_1 为评估当年的消费价格指数，PPI_2 为相邻年份的消费价格指数。

（5）补偿金总额计算

本书中设计了两种不同的生态补偿方案，因此也存在两种不同的补偿金总额确定标准：

a. 以保护措施实施以后，保护区对其区域范围之外提供的全方位生态系统服务的价值增量作为补偿金总额。

　　b. 以保护措施实施以后，当地利益相关者享有本地生态系统服务的价值减少量作为补偿金总额。

第七章 海洋保护区建设与保护成本评估

我国海洋保护区的建设管理面临着经费投入严重不足和资金使用率不高的难题，并且这些难题已经成为制约保护区发展的关键问题。保护区的建设与保护成本作为保护区发挥其职能的基本经费保障，是保护区生态补偿的最低标准。

第一节 海洋保护区建设成本

海洋保护区建设成本主要包括办公场所及附属设施、管护设施的建设费用，以及工作设备等的购置费用，具体如下：

（1）办公场所及附属设施建设费用。以满足日常办公、管理等需要为原则。办公用房应尽量与科研和宣教设施集中建设，并配备相应的办公设备。办公用房面积按国家有关规定执行。应按管理人员人数配备办公桌椅、计算机等，并配备资料密集柜、档案陈列柜等管理设施。修建并逐步完善保护区内供电供水设施。

（2）管护设施的建设费用。管护设施主要包括巡护道路、保护管理站、巡护监护瞭望塔（台）、巡护码头、界碑、界桩及海上界址浮标、管护围栏、大门等。

（3）通讯及网络设施的建设费用。通信、信息管理等基础设施是开展海洋保护区管护工作的必需手段。

（4）保护区相关工作设备的购置费用。包括日常巡护、现场勘查需要的车辆、船只，许多保护区由于缺少必要的工作设备，日常巡护等管理工作受到严重影响。执法手段、设备跟不上，也在一定程度上导致了"管而不力"现象的发生。

拟建保护区建设成本参考海洋保护区功能区划报告中投资预算中相关部分的经费预算进行核算，也可以按照目前全国海洋保护区单位面积的平均建设投入和海洋保护区的面积计算。

保护区各项设施的建设不得破坏保护区主要保护对象或保护目标、生态环境及自然地质地貌景观。

不同类型的海洋保护区在保护区建设与保护成本计算上差别不大，基本都涵盖以上几个方面的费用支出。

第二节　海洋保护区管理与保护成本

海洋保护区管理与保护成本是指保护区管理部门在一定时期内，为履行行政职能、实现行政目标，在行政管理活动中所支付的费用的总和，包括保护区管理局在行政过程中发生的各种费用，以及由其所引发出来的当前和未来一段时间内的间接负担[189]，是保护区管理部门为维持自身运转而形成的消费性（非生产性）支出。海洋保护区维持与运营成本包括保护区管护人员工资费用、保护区生态修复费用、资源与环境监测费用、维护费用等。按照保护区建设和实施保护区管理所需的人力、物力进行成本核算。

一、成本类型

（1）保护区管理人员、巡护人员的工资费用。

（2）保护区进行生态修复的费用。因台风、风暴潮等自然原因，保护区可能遭到破坏，造成岸线侵蚀、植被破坏等；此外，人为干扰、外来物种入侵、病虫害等因素都可能导致保护区生态系统受损退化，需要进行生态修复。

（3）科研监测费用。定期开展针对生态环境、资源、自然生态灾害、开发利用活动、外来物种入侵、区内旅游活动等内容的监测活动。监测要素可包括：①自然地理要素：包括地质地貌、气候气象、水文等；②动植物群落及区系的调查与研究；③底栖动物、鱼类、鸟类等优势种群分布及其生物生态学研究；④植被的数量、分布与动态规律的调查和研究；⑤土地利用状况的调查与调整研究；⑥社会经济状况的调查。

（4）宣传教育费用。宣传教育的主要目的是让人们了解保护区，认识到保护区中保护生物多样性的重要性。保护区管理处及相关部门通过各种手段（包括电视媒体、报纸、杂志等）宣传自然保护区内的景观资源及野生动植物资源，采取多种形式定期对学生、当地社区居民开展环境教育活动，因为保护区内的居民是保护参与的主体，他们文化素质普遍偏低，很多法律常识掌握不多，必须进行教育才能让其更好地融入到保护事业中[190]。有条件的保护区可以为来保护区的访问者（含游客）提供接受生态环境保护教育和科普知识宣传的场所及宣传材料等，并设置户外宣传牌，为开展科普宣传教育打好基础。

（5）维护费用。包括道路、办公场所及其附属设施、管护设施、工作设备等的维护费用，车辆、船只的燃料动力费。

（6）野生动植物救治费用。当保护区中野生动植物（如白海豚、珍稀鸟类等）遭遇疾病（病虫害）或意外伤害时，需要对其进行救治及保护。

海洋自然遗迹和非生物自然保护区的保护对象包括地质遗迹、古生物遗迹、自然景观遗迹以及其他海洋非生物资源。海洋自然遗迹和非生物自然保护区的保护对象为具有重要海洋权益价值和特殊海洋水文动力条件的海域和海岛。因此，以上两类保护区在野生动植物的救治费用方面支出较少甚至没有此方面的支出。

（7）办公费。办公场所的水电费，必要的邮电费、工作人员差旅费、会议费等。

二、成本测算方法

海洋生态修复的费用测算，可按照国家工程投资估算的规定列出，包括工程费、设备及所需补充生物物种等材料购置费、替代工程建设所需的土地（海域）购置费用和工程建设其他费用等部分组成，采用概算定额法或类比工程预算法编制，计算公式为：

$$F = F_{\mathrm{G}} + F_{\mathrm{S}} + F_{\mathrm{T}} + F_{\mathrm{Q}}$$

式中：F 为海洋生态修复总费用，单位为万元；F_{G} 为工程费用（水体、沉积物等生境重建所需的直接工程费），单位为万元；F_{S} 为设备及所需补充生物物种等材料购置费用，单位为万元；F_{T} 为替代工程建设所需的土地（海域）的购置费用，单位为万元；F_{Q} 为其他修复费用（包括调查、制订工程方案、跟踪监测、恢复效果评估等费用），单位为万元。

1. 概算定额法

海洋生态修复项目的费用测算，按照国家有关规定编制，包括项目的前期工作投入、主体工程造价及生态修复成效评估等经费概算。生态修复工程投资费用可采用概算定额法，按照地区或行业有关工程造价定额标准编制。

根据生态修复方案设计的工程内容，计算出工程量，按照概算定额单价（基价）和有关计费标准进行计算汇总，得出修复项目的投资造价。概算定额法编制生态修复投资的步骤如下：

——列出修复工程中各分项工程名称，并计算其工程量；

——确定各分项工程项目的概算定额单价；

——计算分项工程的直接工程费，合计得到单位工程直接工程费总和；

——按照有关标准计算措施费，合计得到单位工程直接费；

——按照一定的取费标准计算间接费和税金；

——计算单位工程投资总额。

2. 类比法

当生态修复方案设计的生态修复目标、修复内容等与已建或在建的生态修复工程的设计相类似，可采用类比法来计算生态修复的费用。

第三节 海洋保护区生态修复方法

对于所有生态修复工程，实施生态修复，必须根据生态退化的原因开展，要明确其恢复目标和方向。充分利用生态系统内部的自我调节、自我恢复机制，以自然恢复为主，人工恢复为辅。坚持积极保护、科学恢复、合理利用、持续发展原则。

在保护区内进行的生态修复工程，应该更为慎重，在编制生态修复实施方案前，根据保护区内生态受损退化的状况，划分出生态恢复的区域，确定生态恢复类型；编制生态恢复实施方案，生态恢复实施方案须经有关专家的充分论证，根据需要采取封禁方式进行自然恢复或进行人工辅助恢复。生态恢复工程实施一年后，开展生态恢复评价，根据评价结果，调整优化生态恢复方案。涉及滨海湿地、红树林、珊瑚礁和重要海洋生物等类型的海洋保护区可以根据生态恢复的需要，适当开展滨海湿地水源保护，湿地生态恢复，红树林、珊瑚礁、重要海洋生物物种人工恢复和外来入侵生物治理等工程[191]。

一、红树林

红树林生态系统所面临的主要威胁包括：①各种工程建设、人类开发利用活动的开展（围垦造田、围海造地等）；②生活污水、工业废水排放；③红树林病虫害与外来生物入侵[192]。

中国红树林主要分布在广东、广西、海南、台湾、福建和香港等地区。研究表明，红树林面临的主要威胁包括土地利用模式的改变、水污染、大气污染、人类活动干扰等。针对上述问题，可以采取的对策应包括减少人类干扰、水污染治理、病虫害防治、对外来入侵种进行清除、对保护区内鸟类进行保护、开展红树林的生态恢复示范。对退化的红树林实行封围，利用自然演替进行自然恢复，对需要恢复的滩涂，在关键地段进行人工恢复，最终实现红树林生态系统的可持续发展[193]。

红树林恢复的方法主要有利用胎生苗进行自然再生，在自然再生不足的地方人工种植繁殖体和树苗。种植红树林树苗时，在潮间带选用合适的固定技术，充分利用潮汐，确定适当的盐度，从而提高其存活率[190]。

较为常用的红树林修复方法：①胚轴插植法。胚轴插植法是从野外直接采集繁殖体种植。本方法成本低、操作易，但受繁殖体成熟的时间限制，通常每年只有 1~2 次，是目前国内的主流造林方法。②人工育苗法。人工育苗法大多在种植前使用容器育苗。待苗木培养一定的时间后，便可连带容器出圃用于造林种植。人工育苗法虽成本较高，但可以为红树林修复工程提供质量更好、抗性更强的苗木，在一定程度上提高造林成活率，成效快，在经济条件允许或逆境造林时可以推广，目前正逐步成为另一种主流的造林方法。

位于海南海口的东寨港红树林保护区是我国最大的红树林湿地，前些年因受水质污染导致团水虱危害，大片红树林死亡。2014 年年中，海口又连续遭到超强台风"威马逊"和"海鸥"袭击，多片红树林尤其是树龄高达 100~200 年的部分精华林倒掉。该保护区的退塘还林、植树造林、水质监测等环境整治工作有序开展，成效显现。保护区内的水质从整治前的符合四类海水水质标准改善为现在的达到三类海水水质标准，团水虱危害基本得到控制，不再扩散。补种的树苗种类包括红海榄、秋茄、海莲、黄槿、水黄皮、木榄、正红树等 8 个红树林品种。自 2014 年 8 月到 2015 年 1 月，该保护区已修复 3 000 亩红树林[194]。

二、珊瑚礁

导致珊瑚礁退化的原因是多方面的，可分为人为因素和自然因素。人为因素主要有珊瑚礁开采、不合理捕捞、海洋污染（如悬浮物增加、营养盐污染）、过度捕捞、船舶搁浅、潜水和抛锚等；自然因素主要有全球变暖、台风、风暴潮、病虫害等。

建立自然保护区本身就是珊瑚礁自然恢复的主要方式，对珊瑚礁生态的有效恢复具有重大的意义[195]。此外，还可进行人工培育，在恢复区内或者恢复区以外对珊瑚的断片、幼虫或珊瑚受精卵进行养殖，使其长到适合的大小后再进行移植，可提高移植存活率，减少对珊瑚礁的压力。珊瑚的移植技术包括无性移植和有性移植。

1. 三亚珊瑚礁生态修复

三亚珊瑚礁国家级自然保护区于 1990 年 9 月 30 日由国务院批准设立，是我国第一个国家级海洋生态类型的珊瑚礁保护区，隶属于海南省海洋与渔业厅。三亚珊瑚礁国家级自然保护区位于海南省三亚市南部附近海域，地理位置在 18°10′30″—18°15′30″N，109°20′50″—109°40′30″E 范围内，保护区总面积 85 km²；实际保护海域、岛礁面积为 70.02 km²；由亚龙湾片区、鹿回头半岛—榆林角沿岸片区和东、西瑁洲片区三个区域组成。各片区分有核心区、缓冲区和实验区。保护区内有东瑁洲、西瑁洲、小青洲、野猪岛、东排礁和西排礁等岛礁。保护区的主要保护对象是造礁石珊瑚、非造礁珊瑚、珊瑚礁及其生态系统和生物多样性。

我国珊瑚礁主要分布在南海海域。2010 年监测到的活造礁珊瑚覆盖率在海南岛东南部平均只有 11.60%，比 2006 年的监测数据大幅下降，珊瑚礁受损面积一度高达 80%，三亚珊瑚礁的状况尤为堪忧。珊瑚礁大面积衰亡，全球气候变暖负有不可推卸的责任。珊瑚的生长水温为 25~30℃，当气候变暖导致海水温度升高时，珊瑚虫所寄生的植物——虫黄藻会产生一种有害物质，为了不被伤害，珊瑚虫只好与虫黄藻分离；失去了虫黄藻，珊瑚礁会慢慢白化、退化甚至死亡。除了全球变暖等气候因素外，直接的人类活动对珊瑚礁生存的威胁更加严重，沿海开发、污染、过度捕捞引起的环境恶化，对珊瑚礁的影响远远大于气候变化。比如陆源性污染提高海水中氮、磷等营养物质的含量，引起藻类大面积爆发，降低海水溶解氧的含量，挤占珊瑚生存空间，对珊瑚生长影响严重；近岸工程所引起的水体浑浊，会让大量颗粒物沉积在珊瑚表面，导致珊瑚窒息死亡。

保护区采取了相应措施对珊瑚礁进行生态修复。1995 年，分别在鹿回头、大东海和亚龙湾试点珊瑚人工繁殖——将从海底截肢的珊瑚采集到陆上培养，珊瑚分株固定在附着板上，培壮后把珊瑚苗再放回海底，固定在死珊瑚礁上扩大种植；或者，将截肢的珊瑚直接移植在人工礁上，然后向适合珊瑚生长的海底沉入移植好的人工礁珊瑚。经实验移植的珊瑚苗成活率达到 70%，正常情况下，珊瑚苗植入海底 2~3 年后，基本可以成株。这种人工移植可提高珊瑚的覆盖率，加速珊瑚礁群的恢复和鱼类的回归。目前，保护区正在设计投放多种适宜不同环境的人工礁体，进行生态修复[196]。

三、海草床

目前全球海草床呈现退化趋势，自然干扰和人类活动的负面影响是其退化原因，以后者为主。海草退化的生理生态机制主要是光合作用速率、光合色素荧光强度和含量、酶活性等生理生态指标在胁迫（高温、光照、盐度、污染物等）下发生显著变化[197]。

海草床的人工修复主要依靠海草的种子或者构件（根状茎）[198]，主要的方法有种子法、移植法[199]。

1. 种子法

种子繁殖的主要方法有两种：①将采集到的种子直接散播在海滩上或埋在底质中发芽[199]；②将种子放在漂浮的网箱中[200]或者在实验室内[198]，培养发芽后再移栽。利用种子法，能很快地建立一个新的海草床，投入也较小[201]，对现有海草床的破坏小，受空间限制小。但是目前的技术方法还不完备，如何有效地收集、保存种子，如何寻找合适的播种方法和适宜的播种时间，是种子种植的难点[200~203]。研究种子的成熟、散布、萌发机理及影响因素，是目前急需解决的问题[204]。

2. 移植法

人工移植是目前最常用的修复方法，主要有草皮法、草块法和根状茎法及组织培养法。

（1）草皮法

草皮一般是扁平状，栽种比较简单，直接平铺在移植地即可。最早的报道是 Addy 在美国 Massachusetts 成功移植大叶藻的实验[199]。

（2）草块法

草块常常是圆柱体、长方体，或者其他不规则体。采集的工具主要有 PVC 管、铁铲[205]或者机器[206,207]。栽种过程较为简单，即在移植地挖掘与移植单元同样规格的"坑"，将移植单元放入后压实四周。草块法可以原封不动地保存根状茎、根和枝，根状茎、根、枝以及底质营养被完整带到移植地点，移植成活率比较高，是目前最成功的移植方法之一，但需要的海草床资源量较大，移植工作往往受到"种源不足"的制约，移植单元的采集对现有海草床的影响较大[200]。

（3）根状茎法

根状茎法的移植单元是一段长 2~20 cm（由海草种类和具体方法而定）的根状茎，包括完整的根和枝，与草块法最大的差异就是不包含底质。该方法尽管容易受到外界因素的限制，但因其需要的构件少[208]，对海草床的影响较小，又能保持较高的成活率[209]，适合大规模的海草床恢复，是今后的重点研究方向。

（4）组织培养法

传统的海草移植一般是将海草和其固着沉积物一起整体移植到新生境中，这往往需要很高的成本[192]。有学者认为，可以使用组织培养的方法先在室内获得大量植株，再移植到新生境可能是一种替代方法[197]。

四、海洋生物资源

1. 增殖放流

增殖放流是指采用放流、底播、移植等人工方式向海洋投放亲体、苗种等活体水生生物的活动。通过增殖放流可以补充和恢复生物资源的群体。

增殖放流应选择适宜放流对象、确定放流种苗最佳规格和数量、合理配比投放结构。

在物种选择上主要选择本地种，苗种应当是本地种的原种或者子一代，确需放流其他苗种的，应当通过省级以上渔业行政主管部门组织的专家论证。

禁止使用外来种、杂交种、转基因种以及其他不符合生态要求的水生生物物种进行增殖放流。掌握放流种类的生物、生态学特征是实施有效增殖放流的前提条件，据此确定放流时间、放流规模等。在对放流物种生物、生态学特性了解不够充分的情况下，盲目实施增殖放流，难以达到预期效果。

2. 人工鱼礁

人工鱼礁是人为在海中设置的构造物，其目的是改善海域生态环境，营造海洋生物栖息的良好环境，为鱼类等提供繁殖、生长、索饵和庇敌的场所，达到保护、增殖和提高渔获量的目的。除了聚集鱼群增加渔获量，在增殖和优化渔业资源、修复和改善海洋生态环境、带动旅游及相关产业的发展、拯救珍稀濒危生物和保护生物多样性以及调整海洋产业结构、促进海洋经济持续健康发展等诸多方面都有重要意义。按其用途可分为休闲型、增殖型、诱集型、产卵型、幼鱼保护型等。

目前建设人工鱼礁的材料种类繁多，有石块礁、混凝土构件礁、船礁、集束贝壳等等，从汽车到轮船，从水泥到玻璃钢都可以作为人工鱼礁。礁体的材料、高度、透空性（空隙的数量、大小和形状）、表面积等都会影响人工鱼礁的增养殖效果，需要因地制宜，综合考虑各方面因素后确定。选择时需综合考虑礁区的位置、礁体结构的要求以及运输和礁体投放过程的便捷程度。同时应保证礁体与周围环境的协调性、礁体本身的稳定性和耐久性。例如，建在天然礁体附近的人工鱼礁应选择不会对天然礁体造成侵蚀的材料；在海流或风浪较大的海区，礁体一般不宜选择轻质材料制作。

人工鱼礁效果评估应包括以下指标：①礁体结构的整体稳定性，礁区周围局部的冲淤情况；②海域生态环境的改善情况，浮游及底栖生物的增养殖效果、礁区水质的变化等；③增养殖目标鱼类数量的增加情况，所捕获鱼的大小；④礁区使用者数量的变化；⑤鱼礁的经济收益情况。

人工鱼礁投放后应注意定期巡护，及时进行修补或加固[210]。

第八章 海洋保护区发展机会成本评估

第一节 理论研究综述

机会成本是现代经济学理论中最重要的基本概念之一，是奥地利学者弗里德里希·冯·维塞尔（1889）在《自然价值》中首次提到的，他以边际效用论为基础解释成本现象从而提出了该概念，认为机会成本是为了得到某种产品单位上效用的增加而放弃的其他产品产量的效用。美国经济学家萨缪尔森（1948）从稀缺性角度解释，认为机会成本指当我们被迫在稀缺物品之间做出选择时，一项决策的机会成本是另一种可得到的最好对策的价值。诺贝尔经济学奖获得者罗纳德·科斯（1976）认为机会成本指由于进行某项决策而必须放弃的、除它以外最佳决策的价值。曼昆（1998）在《经济学原理》中将一种东西的机会成本定义为：为了得到这种东西所放弃的其他东西。简单地说，机会成本指为了得到某种东西而必须放弃的所有其他东西的最大价值。从 19 世纪被引入经济学后，在理论和实践应用方面得以不断延伸和拓展，到目前为止，机会成本已在环境与资源经济学、会计学、企业及政府的管理决策等方面得到全面应用。温善章等（1993）、吴恒安（1997）在黄河水资源影子价格的研究中采用机会成本法进行了价值评估；刘岩等（2002）采用机会成本法对资源利用方式不同的产业之间的机会成本进行了评估分析，还运用旅行费用法、或然价值法对区域生态资源的旅游娱乐价值、五种关键生态资源对岛内居民的"社会价值"进行评估，并以此为依据，对厦门岛东海岸区域资源未来 50 年的机会成本进行了分析评估。袁鹏等（2011）认为环保部门为控制工业污染加强环境管制，导致企业产出减少，由此通过对污染物处置强度进行假定构造相应模型，并采用全国的市域样本数据计算了反映环境监管机会成本大小的 LOSS 指数[211]。俞海等对流域生态补偿、蔡邦成等对水源地保护区生态建设工程补偿、李文华等对森林补偿的研究都考虑了机会成本[212]。

对于机会成本的概念，目前学术界统一认为是指"一项决策的机会成本是作出该决策而不作出另一决策时所放弃的东西"[213]，即当人们在面临多种选择时，由于资源的稀缺性，只能作出一种选择，不得不放弃其他的一些选择，机会成本就是所放弃的这些选择中的最大收益[214]。基于国内外学者对机会成本法的应用研究发现，机会成本法应用的基本前提是该资源是稀缺资源，而且具有多种用途。单一用途的资源不存在多种选择，只有具有多种用途的稀缺、有限的资源，才提供人们多种选择的机会，才具有机会成本[215]。机会成本一般可以分成两个部分：土地利用成本和人力资本。人力资本相关的研究较少，目前的研究主要集中于与生态环境关系密切的土地利用上：Wossink 在 2007 年证明了机会成本是土地上生产的市场化产品；W·nscher 认为机会成本是最佳土地利用获得的利润与环境保护费用的差值。李晓光等认为，利用机会成本来确定生态补偿的标准具有科学性和普遍适用性，尚存在需要完善的方面，例如确定机会成本需要寻找相应的载体，如土地或者水资源的机会成本等，不同载体上的机会成本存在一定差异，更为重要的是，寻找保护者放弃的最大利益正是依赖于载体的选择[216]。因此，如何选取合适载体是解决问题的关键。生态补偿中的机会成本就是生态系统服务功能的提供者，为了保护生态环境所放弃的经济收入、发展机会等[217]。

基于对机会成本与生态补偿概念与关系的理解，要特定区域（生态功能区、生态环境敏感区、自然保护区等）接受"限制开发"、"禁止开发"之定位安排的经济底线是"生态补偿足以弥补因限制或放弃（主要针对工业）开发而付出的机会成本"，以保证在当地经济发展受到一定影响的情况下，当地群众的生活水平不会显著降低，或利用补偿资金发展生态环境友好型、当地土生土长的"绿色"产业，或用于提高当地的基本公共服务水平，避免人们产生反叛心理，进而更大范围地使用环境资源，使生态环境状况进一步恶化，从而影响经济社会的健康、稳定与持续发展。

第二节　研究方法与案例分析

生态保护机会成本核算方法，按照数据来源，可以分为实证调查法和间接计算法（表8-1）。实证调查法通过在当地实地调研或根据官方统计资料来估算机会成本损失。这种方法相对较为客观，实际应用中主要存在数据不全的困难。间接计算法是通过选择与被补偿地区自然条件、社会经济发展状况基本相当、但未受生态保护和建设影响的地区作为参照对象，通过比较两地的经济差异来估算机会损失。间接计算法容易获取数据，且具有一定的可信度，因而在我国应用较多。

生态保护机会成本核算方法，按照核算主体，可以分为产业计算法和主体计算法（表8-1）。产业计算法是按产业类别对生态保护机会成本进行分类核算，即按照第一产业、第二产业和第三产业分别归集其在生态保护中发生的机会成本，这种分类方法虽然便于核算机会成本，但是保护主体和受偿主体并不匹配。主体计算法则是分别计算企业、居民、政府三个核算主体的机会成本，按此分类有利于后续对受损对象进行补偿[218]。

表 8-1　生态保护机会成本核算方法

分类方式	核算方法	内容	特点
数据来源	实证调查法	通过在当地实地调研或根据官方统计资料来估算机会成本损失	相对较为客观，实际应用中主要存在数据不全的困难
	间接计算法	通过选择与被补偿地区自然条件、社会经济发展状况基本相当、但未受生态保护和建设影响的地区作为参照对象，通过比较两地的经济差异来估算机会损失	容易获取数据，且具有一定的可信度，因而在我国应用较多
核算主体	产业计算法	按产业类别对生态保护机会成本进行分类核算	虽然便于核算机会成本，但是保护主体和受偿主体并不匹配
	主体计算法	分别计算企业、居民、政府三个核算主体的机会成本	有利于后续对受损对象进行补偿

1）实证调查法

实证调查法是一种较为常用的机会成本核算方法，适用于已经被开发、为生态保护而放弃已有的发展效益，选择生态保护的区域。这些区域往往基础数据较健全，也容易获得。

陈淑芳等运用实证调查法计算了洞庭湖湿地退田还湖生态补偿标准[215]。洞庭湖作为中国最大的淡水湖泊湿地，在调蓄洪水、降解污染物、保护生态环境、维护生态多样性等方面有着重要作用。长期以来，由于经济发展中没有处理好人与自然的关系，致使长江中游、四水流域水土流失严重，泥沙淤积，湖泊面积减少，从最初的第一大淡水湖变成现在的第二大淡水湖，导致蓄洪和泄洪的能力减弱。1998年长江发生特大洪水后，在党中央和国务院的高度重视下，实施了"平垸行洪、退田还湖、移民建镇"工程。

就洞庭湖湿地生态补偿标准来说，退田还湖的机会成本就是农民会因禁止耕作、禁止捕鱼、禁止施肥和喷洒农药等而导致农业收入减少。对洞庭湖湿地生态补偿机会成本的计算，其思路是了解退田还湖区的面积，在该面积范围内计算农业收入的纯收益，具体过程是：假设补偿区域内有 n 种作物，分别为 $X = (x_1, x_2, \cdots, x_n)$，每种作物对应的种植面积比例为 $P = (p_1, p_2, \cdots, p_3)$，单位面积的收入为 $I = (i_1, i_2, \cdots, i_n)$，单位面积的成本为 $C = (c_1, c_2, \cdots, c_n)$。所以有：

$$S = A \times P(I - C)$$

式中：S 为总的补偿标准；A 为总的补偿面积。

代明等运用实证调查法计算限制开发区机会成本[219]。按照《主体功能区规划》的要求，限制和禁止发展区实行严格的土地用途管制，严禁生态用地改变用途；而被限制或禁止发展的地区大都是我国生态敏感度高、经济相对落后及生活贫困的地区。各地享有的经济发展权是均等的，因此，发展权较多的地区应对发展权移出区为保障国家生态安全而做的牺牲进行补偿。对于具备一定工业基础，但《主体功能区规划》的实施使得工业发展受限所带来的影响，以珠江流域广东段北江支流滃江流域佛冈县为例进行实证研究。限制佛冈工业发展，会波及影响到包括 GDP、财政收入、就业、居民收入、消费、投资等多个相关经济指标。若全部进行补偿不太现实，为简化分析过程，从佛冈经济社会发展的实际出发，考虑相关经济指标的重要性、不可通约性及重叠性等因素，仅选择对人们生活造成重要影响的财政收入和就业进行补偿，即选择 $n = 2$ 进行样本分析，其他相关经济指标的具体补偿水平可以依照同样的方法进行测度。根据佛冈县经济社会发展的实际情况，建立了量化生态补偿标准的计量模型，并计算了在"十二五"期末（2015 年）若限制其工业发展（假设工业增速减半）而应实际补偿的具体数额。

2）间接计算法

有些区域还未进行大规模开发即被划为特定区域（生态功能区、生态环境敏感区、自然保护区等）而导致"限制开发"、"禁止开发"付出"机会成本"，这些区域的机会成本无法通过实证调查法获得，可以通过间接计算法获得。间接计算法是通过选择与被补偿地区自然条件、社会经济发展状况基本相当、但未受生态保护和建设影响的地区作为参照对象，通过比较两地的经济差异来估算机会损失。

郑海霞等通过间接计算法计算磐安县的机会成本[220]。由于流域保护的需要，磐安关闭和拒批了一批污染较大的企业，从而影响了区域经济的发展。利用相邻县市居民的人均可支配收入和磐安人均可支配收入对比，估算出相对相邻县市居民收入水平的差异，从而反映发展权的限制可能造成的经济损失，作为补偿的参考依据。选取相邻的金华、义乌、东阳、永康、武义和浦江为参考县市，与东阳相比需要补偿的最多，与武义相比需要补偿的最少。由于磐安县位置偏远，自身工业发展受到限制，选取发展条件相似和经济发展水平相对较低的武义的相对损失作为补偿标准，从而计算出磐安县的机会成本值。

补偿测算公式如下：

年补偿额度＝（参照县市的城镇居民人均可支配收入－上游地区城镇居民人均可支配收入）×上游地区城镇居民人口＋（参照县市的农民人均纯收入－上游地区农民人均纯收入）×上游地区农业人口

江中文运用间接计算法计算南水北调中线工程汉江流域水源保护区的机会成本[221]。计算公式为：

$$P = (G_0 - G) \times N$$

式中：P 为补偿金额，万元/a；G_0 为参照地区的人均 GDP，元/人；G 为保护区人均 GDP，元/人；N 为保护区的总人口，万人。

或者：

$$p = (S_0 - S) \times N_f$$

式中：p 为补偿金额，万元/a；S_0 为参照地区农民人均纯收入，元/人；S 为保护区农民人均纯收入，元/人；N_f 为保护区农业人口，万人。

秦艳红等运用间接计算法计算"退耕还林第一县"吴起县退耕还林机会成本[222]。此处的参照区域并非现实存在的某个邻近县，而是预期发展目标收入。吴起县位于延安市西北部，地处毛乌素沙漠南缘，为黄土高原梁状丘陵沟壑区，属半干旱温带大陆性季风气候，曾是黄河中上游地区水土流失最为严重的县份之一。该县属国定贫困县，但资源丰富，土地面积辽阔，发展林牧业潜力较大。1998 年，吴起县率先在全县范围内退耕还林、封山禁牧，为全国退耕还林面积最大的县，被称为"退耕还林第一县"。为实现"造血式"补偿目标，应通过经济补偿和其他辅助措施，在实施生态保护的同时，使参与者在新的发展机会下的收入高于原有生产方式下的可能收入水平，并尽量缩小与其他地区间的经济社会发展差距。因此，可将机会成本视为产业结构调整过程中农民的现实收入与预期发展目标收入之间的差距，即：机会成本＝预期发展目标收入－现实收入。

3）产业计算法

产业计算法是按产业类别对生态保护机会成本进行分类核算。这种分类方法的优点是便于核算机会成本，但是保护主体和受偿主体并不匹配。

薄玉洁运用产业计算法计算了水源地区域发展权的损失[223]。水源地保护区严格限制加工业尤其是污染工业发展，严禁开采矿产资源，从而导致工业发展的滞后；水源地保护区禁止养殖业发展，种植业禁止施用化肥和农药而导致农业收入减少；为保护水源地严禁旅游开发从而影响第三产业发展等。

计算公式为：

$$C_0 = C_{A0} + C_{I0} + C_{T0}$$

式中：C_0代表水源地生态保护后第 n 年的发展权损失；C_{A0}代表保护后第 n 年第一产业的发展权损失；C_{I0}代表生态保护后第 n 年第二产业的发展权损失；C_{T0}代表保护后第 n 年第三产业的发展权损失。以下按照三大产业进行分类核算：

（1）第一产业发展权损失测算

水源地往往通过调整农村产业结构、限制部分农地开发来达到保护流域的目的。如调整耕作方式，禁止使用化肥、农药，禁止养殖业、屠宰业发展，采取保护政策，将部分生态用地、基本农田等划入保护范围，限制不符合保护要求的土地开发等。这些政策和经营方式的改变必然会制约当地农业和农村经济发展。非源区农地的经济价值则可用该区域不同类型的土地面积乘以各自单位土地收益得出。因此，利用间接计算法，农地发展权损失就是非源区农地经济价值与水源地农地的经济价值之差，同时假设整个水源区内农地都是均质的，故水源地农地发展权损失的计算为：

$$C_{A0} = (P_0 - P_1) \times S \times \mu$$

式中：P_0表示水源区保护后第 n 年非源区单位农地的经济价值，P_1表示第 n 年水源地单位农地的经济价值，S 为水源地农地的总面积，μ 为调整系数，代表源区对影响水源保护行业的限制程度，其取值范围介于 0~1 之间，如无限制则取值为零，如严格限制，则取值为 1。

（2）第二产业的发展权损失测算

水源地为保障流域经济、生活和生态用水安全，不得不关停一些污染较大的企业，同时拒批有损水源地生态环境的企业，这在一定程度上影响了当地经济发展。因此，应将这种机会损失体现到生态补偿核算中。

设水源地为 A 区，选择在实施水源地保护之前发展水平相似、资源环境和人口状况类似的参照区域（县、市），在此称之为 B 区。设 α 和 α' 为水源地保护前后 A 区的人均第二产业增加值年均增速；β 和 β' 为水源地保护前后 B 区的人均第二产业增加值年均增速；GDP_0 为 A 区水源地保护前当年的实际人均第二产业增加值，GDP_n 为 A 区保护后第 n 年的实际人均第二产业增加值，GDP_{ns} 为 A 区保护后第 n 年的人均第二产业增加值损失，α_t 为 A

区第 t 年的第二产业增加值增速，令：

$$\psi = |(\beta' - \alpha') - (\beta - \alpha)|$$

式中：ψ 为水源地第二产业发展权损失参数，表示由于水源地保护给 A 区第二产业带来的相比较 B 区人均第二产业增加值年均增速减少的部分。

$$GDP_{ns} = GDP_0 \times \prod_{t=1}^{n}(\alpha t + \psi) - GDP_n (n = 1，2，3\cdots)$$

则水源地保护后第 n 年工业发展权的损失为：

$$C_{IO} = GDP_{ns} \times N_n \times \delta_n (n = 1，2，3\cdots)$$

式中：N_n 为水源地第 n 年的人口总量；δ_n 为调整系数，表示将发展权的损失反应在保护区的财政收入和居民的可支配收入上，其计算公式为：

$$\delta_n = (F_n + IC_n) / GDP_n$$

式中：F_n 为水源区保护后第 n 年的财政收入；IC_n 为第 n 年的居民可支配收入。

（3）第三产业发展权损失测算

水源地保护对整个第三产业影响相对较小，在此只考虑对旅游业造成的影响。一般地，水源地保护区环境宜人，有开发旅游业的潜力，但为了保障流域生态系统安全性，水源地限制旅游业发展，进而造成当地旅游业利益相关者的损失。

在计算旅游业发展权损失时选取具有类似于源区环境的同样具有旅游资源并且已经开发的区域作为参照，以参照区的旅游业收入来衡量源区的旅游业损失。但是不同地区的资源环境和人文状况是有差异的，很难找出条件类似的两个区域，因此有必要在参照区基础上乘以调整系数 γ_n。

$$C_{TO} = GDP'_{\text{参}n} \times \gamma_n$$

$$\gamma_n = GDP_{\text{源}n} / GDP_{\text{参}n}$$

式中：C_{TO} 为水源区保护后第 n 年旅游业的发展权损失；$GDP'_{\text{参}n}$ 代表参照区第 n 年的旅游业产值；$GDP_{\text{源}n}$ 为源区第 n 年的 GDP；$GDP_{\text{参}n}$ 为参照区第 n 年的 GDP。

毛占锋运用产业计算法计算跨流域调水水源地机会成本[214]。水源地一年为保护水资而损失的机会成本为：

$$P = L1 + L2 + L3$$

式中：$L1$ 为工业损失；$L2$ 为退耕还林损失；$L3$ 为渔业损失。

①工业损失。一是实际损失，是因提高准入门槛，调整产业结构，关停并转的工业企业和矿产企业（皂素厂、造纸、电解锰）导致的损失。二是发展权损失，因准入门槛提

高，有条件但未能投资的工业企业和矿山企业（铁合金、铅锌矿、黄金、造纸、印染、制革、制药等）损失。

②退耕还林损失。1998 年安康市有耕地面积 760 万亩，农民人均 3 亩，按照规划，退耕还林工程结束后，全市耕地面积只剩下 250 万亩，人均仅 1 亩基本农田，每年仅粮食产量减少 31×10^4 t 左右，加上各类经济作物的损失每年共达 1.23 亿元[214]。

③渔业损失是因调水和涵养水源，渔业养殖水域面积减少所产生的损失。

（4）主体计算法

主体计算法是通过受损主体核算生态保护机会成本的方法。特定区域（生态功能区、生态环境敏感区、自然保护区等）由于制定了比其他区域更加严格的环境保护政策，不仅一些现有的工业项目受到影响，也限制了潜在进入企业的发展，给企业带来产值损失的同时，也使地方政府的税收收入受到影响。除了企业和政府，该区域的居民也因为生态保护的需要放弃了一些诸如农业、林业、牧业、渔业等发展机会，导致机会损失。对于特定区域（生态功能区、生态环境敏感区、自然保护区等）在生态保护中发生的机会成本可以分别从居民、企业、政府三个层面进行归集与核算。按此分类有利于后续对受损对象进行补偿。

李彩红运用主体计算法计算了水源地生态补偿标准[224]。按照受损主体的不同，分别从居民、企业、政府三个层面进行核算。①居民个人损失。主要包括农业收入损失和非农收入损失，农业收入损失具体又分为耕地面积减少带来的直接损失和减少农药化肥施用量带来的间接损失。②企业损失。因水源地执行更严格的环境标准而限制了某些特殊行业的发展，如矿产、化工、造纸等污染类企业，对该类企业产生的机会损失可以通过比较限制发展前、后企业的年产值算出。③政府损失。水源地生态保护给当地政府带来税收损失，可按企业的不同类型来估算。对关停企业的税收损失可依据关停前企业的税收贡献为参照；潜在企业的税收损失可根据同类企业在同类地区（非水源地）的行业平均利润来计算；迁移企业因为已经不在水源地所以其税收收入成为水源地政府的直接损失，对这部分税收损失可利用该类企业近三年的税收收入的平均值来估算。

第三节　海洋保护区机会成本评估方法探讨

一、海洋保护区机会成本概述

根据利益相关者分析结果，我们可以看出海洋保护区利益相关者包括：①补偿主体：国家、社会主体、市场主体；②补偿对象：海洋自然保护区补偿对象包括当地政府、保护区管理部门、当地居民、渔业养殖者、捕捞者和可能受限制的企业；海洋特别保护区的补偿对象为当地政府、保护区管理部门。

海洋保护区为保护海洋自然环境和自然资源不仅进行了大量的人力、物力和财力的投入，而且限制了一些产业的发展，影响了收入，损失了发展权，这部分机会损失属于海洋保护区生态环境保护的机会成本。因此，海洋保护区机会成本的分析，是针对补偿对象产生的发展机会损失。保护区管理部门作为补偿对象，是因其在海洋保护区建设过程中实施了保护措施付出了建设成本，并非损失了发展机会，因此，机会成本研究对象包括当地政府、当地居民、渔业养殖者、捕捞者和可能受限制的企业（表8-2）。这里，我们将当地居民、渔业养殖者、捕捞者归为一类，即个人。

表8-2　不同保护区受损主体分类表

	海洋自然保护区	海洋特别保护区
受损主体	当地政府、个人（包括当地居民、渔业养殖者和捕捞者）、可能受限制的企业	当地政府

我们按照受损主体的不同，分别从企业、个人、政府三个层面阐述海洋保护区受损的机会成本。

1）企业的机会成本

以海洋自然环境和自然资源保护为目的，依法把包括保护对象在内的一定面积的海岸、河口、岛屿、湿地或海域划出来，进行特殊保护和管理的区域，就是海洋保护区。在保护区的管理要求下，当地政府不得不对本地工业发展项目提出更严格的限制规定，对一切可能造成海洋保护区生态环境污染的企业进行关、停、并、转甚或迁移，即对污染重、效益低的中小型企业进行关闭，污染相对较低的企业进行停产整改，污染重、效益好的企业予以迁出保护区。本来在同等区位条件下可以发展的项目在保护区被禁止，有些企业甚至被迫转移到别的地区，这就给现存企业和潜在进入企业带来了损失。鉴于潜在进入者尚未进入海洋保护区，核算主体没有成立，所以在核算其机会损失时我们把它归入政府税收损失。在此，企业的机会成本主要是指现存企业发展的机会损失。

对现存企业而言，其机会成本可分为三类：一是企业因关闭、停办所产生的损失；二是企业因合并、转产带来的利润损失；三是企业迁移过程中发生的迁移成本和新建厂房等发生的成本。我们不考虑企业在污染治理方面额外发生的成本，因为这是企业本身应该承担的社会责任。

2）个人的机会成本

出于对海洋保护区保护的需要，国家和地方政府对海洋保护区的产业发展做出了种种限制，同时也给海洋保护区周边居民造成了间接的经济损失。鉴于海洋保护区的划定主要影响的是邻近区域渔民的收益，即在海洋保护区保护过程中渔民发生的机会损失。

为了满足整个区域对海洋环境质量的要求，海洋保护区的渔业发展也受到了不同程度的影响。一方面，为了海洋保护区的生态环境，有些区域禁止捕捞和养殖，渔业水域面积的减少导致渔业收入的直接减少。另一方面，为保护水质，渔业的养殖方式也会受到限制，如禁止网箱养鱼，因为网箱养殖需要投入大量鱼饵和药物，其对水质的影响很大，所以部分地区虽然允许渔民继续养殖，但是出于生态保护的需要，禁止人工喂养，渔业的产量必然会随之下降。还有一部分地区，由于海洋保护区严禁渔业，农户直接丧失了这部分收入。

3）政府的机会成本

为保护海洋生态环境，海洋保护区所在地在经济社会发展过程中执行了比其他区域更加严格的环境标准，该标准在限制企业和居民经济发展的同时，也给海洋保护区当地政府带来了损失，主要是限制企业发展带来的税收损失（包括现存企业以及潜在进入企业）。如前面所述，某些特殊行业，尤其是化工、矿产加工等污染类工业，在海洋保护区保护过程中被"关、停、并、转"，这部分企业每年上缴的税收往往是海洋保护区政府的主要收入来源，在企业经营受到限制的情况下，政府的税收收入也受到了影响。

除直接的税收损失外，还存在潜在的税收损失。在严格的环境标准下，本来在非海洋保护区可以引进甚至鼓励发展的工业项目在海洋保护区难以获批，包括对当地生态旅游资源的开发也被禁止，政府由此会丧失这部分潜在税收收入，同时与该项目相关的产业发展也会受到影响，影响了海洋保护区政府的财政收入。除此之外，还有部分企业因为海洋保护区环境保护的需要而被迫迁移外地，这部分迁移企业的税收贡献也属于本地政府的机会损失。同时因海洋保护区的存在而进行的企业结构调整还会产生一部分就业岗位损失，这些非海洋保护区政府无需承担的支出，在核算海洋保护区政府的机会成本时都需要将其考虑在内。

二、海洋保护区机会成本核算方法

1. 方法一：按照补偿对象进行计算，分别从企业、个人、政府三个方面计算海洋保护区的机会成本

1）总体思路

基于以上分析，我们提出海洋保护区机会成本核算方法总体思路是按受损主体核算海洋保护区机会成本的方法，见表 8-3。海洋自然保护区给当地造成的机会成本（O）包括企业机会成本（E）、个人机会成本（P）和政府机会成本（G），其计算公式为：$O = E + P + G$。海洋特别保护区给当地造成的机会成本主要是政府机会成本（G）。

表 8-3　海洋保护区机会成本核算内容

名称	不同保护区类型	主体	核算内容
海洋生态保护区机会成本（O）	海洋自然保护区	企业机会成本（E）	①因关闭、停办所产生的损失；②因合并、转产带来的利润损失；③因搬迁发生的迁移损失
		个人机会成本（P）	①渔业水域面积减少导致的损失；②养殖方式受到限制造成的损失
		政府机会成本（G）	①企业（现存企业、潜在企业与迁移企业等）的税收损失；②就业岗位损失
	海洋特别保护区	政府机会成本（G）	①企业（现存企业、潜在企业与迁移企业等）的税收损失；②就业岗位损失

企业机会成本（E）核算内容包括：①因关闭、停办所产生的损失；②因合并、转产

带来的利润损失；③因搬迁发生的迁移损失。个人机会成本（P）核算内容包括：①渔业水域面积减少导致的损失；②养殖方式受到限制造成的损失。政府机会成本（G）核算内容包括主要包括：①企业（现存企业、潜在企业与迁移企业等）的税收损失；②就业岗位损失。

2）核算方法

（1）企业机会成本的核算方法

企业的机会成本（E）包括：①因关闭、停办所产生的损失（E_1）；②因合并、转产带来的利润损失（E_2）；③因搬迁发生的迁移损失（E_3）。

计算公式为：

$$E = E_1 + E_2 + E_3$$

企业机会成本的计算主要运用实证调查法进行计算。

①对企业因关闭、停办所产生的损失，可选取该类企业近三年的平均净利润来估算。计算公式如下：

$$E_1 = \sum_{i=1}^{3} P_i / 3$$

式中：E_1表示关闭、停办类企业所产生的损失，P_i表示该类企业关闭、停产前第 i 年的净利润。

②对企业因合并、转产带来的利润损失，可用合并、转产前后的净利润差额来计算，此处仅限于转产后产值小于转产前的情况（若转产后净利润大于转产前则不会存在机会损失）。计算公式如下：

$$E_2 = \sum_{i=1}^{3} (P_i^0 - P_i) / 3$$

式中：E_2表示合并、转产类企业所产生的利润损失，P_i^0表示企业合并、转产前第 i 年的净利润，P_i表示企业在合并、转产后第 i 年的净利润。

③企业因搬迁发生的迁移损失，可根据搬迁成本扣除原厂房、设备变现价值及政府给予的拆迁补偿的差额来计算。

$$E_3 = \sum_{i=1}^{n} C_i - M$$

式中：E_3表示企业迁移损失，C_i表示企业在搬迁过程中发生的各项成本费用（包括重新购置厂房、设备的支出），M表示该类企业在迁出海洋保护区所在地区时原厂房、设备的变卖收益。

（2）个人机会成本的核算方法

海洋保护区保护措施对海洋的使用进行了限制，给当地渔民的收入带来了损失：一是有些区域禁止捕捞和养殖，渔业水域面积的减少导致渔业收入的直接减少，可通过对比保护前后的渔业平均收益差额来核算其机会成本；二是为保护水质，渔业的养殖方式也会受到限制，使得渔业产量下降带来的间接损失，对这部分损失可以通过养殖方式改变前后的平均收益差来估算。

事实上，由于一些区域禁止捕捞、养殖后，很多渔民为了生计，往往选择在更远的区域捕捞、养殖，尽管总体收入不会有太大变化，但是增加了生产投入，因此，这种情况下，我们将增加的生产投入视为个人机会成本的损失。

个人机会成本的计算主要运用实证调查法进行计算。具体计算公式分为两种情况：

$$当\ F_{前} > F_{后}\ 时，P = F_{前} - F_{后}$$

$$当\ F_{前} \leqslant F_{后}\ 时，P = S$$

式中：P 表示海洋保护区居民的渔业收入损失，$F_{前}$、$F_{后}$ 表示建立海洋保护区前、后当地居民的渔业平均收入，S 为增加的生产投入。

（3）政府机会成本的核算方法

海洋保护区当地政府为保护海洋生态环境，制定了比海洋保护区地更加严格的环境标准，在限制当地企业、农户发展的同时，也给本级政府带来了巨大的机会损失，主要包括企业（现存企业、潜在企业与迁移企业等）的税收损失、就业岗位损失等。企业的税收损失，可以考虑采用间接计算法获取。具体计算可参照如下公式：

$$G = S_{CT} - S_{ST}$$

式中：G 表示海洋保护区政府的机会成本，S_{CT} 表示海洋保护区所在地参照发展地区的企业税收增长率计算的当年企业税收，S_{ST} 表示海洋保护区所在地当年的实际企业税收。

$$S_{CT} = S_{C0} \times (1 + k_C)^T$$

式中：S_{CT} 表示海洋保护区所在地参照发展地区的企业税收增长率计算的当年企业税收，S_{C0} 表示海洋保护区所在地参照年的实际企业税收，k_C 表示参照地区的税收年增长率。

$$k_C = \left(\frac{Z_T}{Z_0}\right)^{\frac{1}{T}} - 1$$

式中：k_C 表示参照地区的税收年增长率，Z_T 表示参照地区的当年企业税收，Z_0 表示参照地区的参照年的企业税收。

2. 方法二：从区域的角度来评估发展机会成本的损失，分别从土地占用和海域占用两方面来计算区域发展机会成本的损失

海洋保护区为保护海洋自然环境和自然资源不仅进行了大量的人力、物力和财力的投入，而且限制了一些产业的发展，影响了收入，损失了发展权，这部分机会损失属于海洋保护区生态环境保护的机会成本。包括土地占用的机会成本和海域占用的机会成本，其中土地占用的机会成本指因海洋保护区建设占用土地而导致区域发展权的损失，海域占用机会成本指因海洋保护区建设占用海域而导致区域发展权的损失。

1）土地占用的机会成本

$$C_{F1} = \sum_{i=1}^{7} SL \times S_i \times m \times \alpha_1 \times \beta_{i1}$$

式中：C_{F1} 为土地占用的机会成本；SL 为全国沿海市县的地均 GDP；S_i 为海洋保护区所占据的不同分区类型的土地面积；m 为收益调整系数，依据全国公共预算收入与当年 GDP 的比值确定；α_1 为区域调整系数；β_{i1} 为不同分区类型的调整系数；

（1）单位土地面积的 GDP

$$SL = GDP_{总}/S_{土地}$$

由全国沿海市县 2011—2015 年地均 GDP（表 8-4）计算所得。通过计算，得到全国沿海市县平均 GDP 值为 186 679.5 亿元，全国沿海市县国土面积为 444 585 km²（表 8-5），地均 GDP 为 4 199 万元/ km²。

表 8-4 2011—2015 年全国沿海市县 GDP 一览表 单位：亿元

省（直辖市、自治区）	市县	2011 年	2012 年	2013 年	2014 年	2015 年
辽宁	大连	6 150.63	7 002.83	7 650.79	7 655.58	7 731.64
	丹东	888.67	1 015.37	1 107.30	1 023.23	984.90
	营口	1 224.65	1 381.18	1 513.11	1 546.08	1 513.75
	盘锦	1 119.92	1 244.96	1 351.06	1 304.22	1 256.54
	葫芦岛	650.06	719.33	775.11	721.55	720.17
	锦州	1 116.93	1 242.71	1 344.93	1 364.00	1 327.33
天津	天津	11 307.28	12 893.88	14 442.01	15 726.93	16 538.19
河北	秦皇岛	1 070.08	1 139.37	1 168.75	1 200.02	1 250.44
	唐山	5 442.45	5 861.64	6 121.21	6 225.3	6 103.06
	沧州	2 585.2	2 812.42	3 012.99	3 133.38	3 320.63

续表

省（直辖市、自治区）	市县	2011 年	2012 年	2013 年	2014 年	2015 年
山东	青岛	6 615.60	7 302.11	8 006.60	8 692.10	9 300.07
	东营	2 676.35	3 000.66	3 250.20	3 430.49	3 450.64
	烟台	4 906.83	5 281.38	5 613.87	6 002.08	6 446.08
	潍坊	3 541.84	4 012.43	4 420.70	4786.74	5 170.53
	威海	2 110.95	2 337.86	2 549.69	2 790.34	3 001.57
	日照	1 214.07	1 352.57	1 500.16	1 611.84	1 670.80
	莱芜	611.88	631.41	653.48	687.60	665.83
	滨州	1 817.58	1 987.73	2 155.73	2 276.71	2 355.33
江苏	南通	4 080.22	4 558.67	5 150.01	5 652.69	6 148.40
	连云港	1 410.52	1 603.42	1 810.49	1 965.89	2 160.64
	盐城	2 771.33	3 120.00	3 490.55	3 835.62	4 212.50
上海	上海	19 195.69	20 181.72	21 818.15	23 567.7	25 123.45
浙江	宁波	6 059.24	6 582.21	7 128.87	7 610.28	8 003.61
	温州	3 418.53	3 669.18	4 003.86	4 303.05	4 618.08
	台州	3 418.53	2 911.26	3 153.34	3 387.38	3 553.85
	舟山	772.75	853.18	930.85	1 015.26	1 092.85
	嘉兴	2 677.09	2 890.57	3 147.66	3 352.60	3 517.81
	湖州	1 520.06	1 664.30	1 803.15	1 956.00	2 084.26
福建	福州	3 736.38	4 210.93	4 678.49	5 169.16	5 618.08
	厦门	2 539.31	2 815.17	3 018.16	3 273.58	3 466.03
	泉州	4 270.89	4 702.70	5 218.00	5 733.36	6 137.71
	漳州	1 768.20	2 012.92	2 236.02	2 506.36	2 767.35
	莆田	1 050.62	1 200.38	1 342.86	1 502.07	1 655.60
	宁德	930.12	1 075.06	1 238.72	1 376.09	1 487.36

省（直辖市、自治区）	市县	2011 年	2012 年	2013 年	2014 年	2015 年
广东	深圳	11 515. 86	12 971. 47	14 572. 67	16 001. 82	17 502. 86
	广州	12 423. 44	13 551. 21	15 497. 23	16 706. 87	18 100. 41
	东莞	4 771. 93	5 039. 21	5 517. 47	5 881. 32	6 275. 07
	珠海	1 410. 34	1 509. 24	1 679. 00	1 867. 21	2 025. 41
	中山	2 194. 73	2 446. 30	2 651. 93	2 823. 01	3 010. 03
	潮州	648. 38	707. 85	784. 24	850. 22	910. 11
	江门	1 830. 64	1 880. 39	2 000. 18	2 082. 76	2 240. 02
	湛江	1 717. 88	1 872. 12	2 070. 01	2 258. 99	2 380. 02
	惠州	2 094. 94	2 379. 49	2 705. 13	3 000. 37	3 140. 03
	揭阳	1 223. 88	1 393. 02	1 605. 35	1 780. 44	1 890. 01
	茂名	1 721. 25	1 916. 41	2 170. 97	2 349. 03	2 445. 63
	汕头	1 279. 08	1 430. 72	1 573. 73	1 716. 51	1 868. 03
	阳江	767. 24	888. 71	1 049. 63	1 168. 55	1 250. 01
	汕尾	538. 14	609. 46	671. 75	716. 99	762. 06
广西	北海	496. 6	630. 09	735	856	891
	防城港	413. 77	443. 99	530. 4	588. 89	620. 71
	钦州	646. 65	691. 32	753. 74	854. 96	944. 42
海南	三亚	286. 5	324. 82	365. 89	402. 26	435. 82
	海口	761. 76	858. 49	989. 49	1 091. 7	1 161. 96
	文昌	135. 92	148. 54	157. 05	159. 8	169. 63
	澄迈县	146. 3	164. 64	204. 63	226. 81	240. 49
	昌江黎族自治区	74. 56	85. 75	91. 06	94. 79	90. 19
	乐东黎族自治区	68. 75	72. 97	80. 92	93. 59	104. 37
	琼海	138. 16	152. 1	167. 85	187. 7	200. 5
	儋州	344. 74	401. 88	403. 1	439. 86	443. 25
	临高县	83. 9	102. 2	116. 76	135. 45	144. 52
	东方	89. 1	109. 6	119. 58	134. 5	144. 56
	万宁	118. 47	133. 4	139. 59	152. 29	165. 82
	陵水黎族自治区	77. 07	85. 55	102. 69	109. 94	117. 25
	三沙	–	–	–	–	–

注：数据来自国家统计局。

表 8-5 各沿海市县国土面积 单位：km²

沿海省（直辖市、自治区）	市县	国土面积
辽宁	大连	12 574
	丹东	15 222
	营口	5 402
	盘锦	4 063
	葫芦岛	10 415
	锦州	10 301
天津	天津滨海新区	11 946
河北	秦皇岛	7 802
	唐山	13 472
	沧州	13 419
山东	青岛	11 282
	东营	7 923
	烟台	13 746
	潍坊	15 859
	威海	5 797
	日照	5 359
	莱芜	2 246
	滨州	9 453
江苏	南通	8 544
	连云港	7 614
	盐城	17 000
上海	上海	6 340
浙江	宁波	9 816
	温州	12 061
	台州	9 411
	舟山	1 440
	嘉兴	3 915
	湖州	5 818
福建	福州	11 968
	厦门	1 699
	泉州	11 015
	漳州	12 600
	莆田	4 119
	宁德	13 452

续表

沿海省（直辖市、自治区）	市县	国土面积
广东	深圳	1 996
	广州	7 434
	东莞	2 465
	珠海	1 711
	中山	1 784
	江门	3 679
	潮州	9 504
	湛江	11 693
	惠州	11 599
	揭阳	5 240
	茂名	11 345
	汕头	2 064
	阳江	8 005
	汕尾	5 271
广西	北海	3 337
	防城港	6 173
	钦州	10 843
海南	三亚	1 920
	海口	2 305
	文昌	2 488
	澄迈县	2 072
	昌江黎族自治区	1 569
	乐东黎族自治区	2 747
	琼海	1 692
	儋州	3 400
	临高县	1 317
	东方	2 267
	万宁	4 444
	陵水黎族自治区	1 128
	三沙	
总计		444 585

注：数据来源于各地方政府网站。

（2）收益调整系数

$$m = 全国公共预算收入/全国 GDP$$

收益调整系数 m 通过全国公共预算收入与当年 GDP 的比值确定，见表 8-6。

表 8-6　各年份收益调整系数（1978—2015 年）

年份	收益调整系数（%）	年份	收益调整系数（%）	年份	收益调整系数（%）
1978	30.78	1991	14.31	2004	16.31
1979	27.96	1992	12.81	2005	16.90
1980	25.28	1993	12.19	2006	17.66
1981	23.82	1994	10.73	2007	18.99
1982	22.56	1995	10.18	2008	19.19
1983	22.70	1996	10.32	2009	19.63
1984	22.57	1997	10.85	2010	20.12
1985	22.03	1998	11.59	2011	21.23
1986	20.45	1999	12.64	2012	21.70
1987	18.07	2000	13.36	2013	21.71
1988	15.53	2001	14.78	2014	21.80
1989	15.51	2002	15.53	2015	22.21
1990	15.56	2003	15.80		

（3）区域调整系数的确定

由于地区经济发展状况直接影响到该地区海洋保护区发展机会成本的计算，因此，本标准采用地区生产总值确定海洋保护区陆域部分机会成本的区域系数。

具体计算方法：通过计算各沿海市县区 2010—2014 年 5 年 GDP 平均值，获得该地区的地均 GDP，再通过对比全国均值而获得基础值，对基础值进行标准化，并通过聚类分析，以其均值作为最后的系数，结果见表 8-7。

$$L_j = 地均 GDP/ 全国均值$$

$$l = (L_j - L_{min})/(L_{max} - L_{min})$$

$$\alpha_1 = \frac{l_1 + l_2 + \cdots + l_n}{n}$$

表 8-7　区域调整系数

沿海省（直辖市、自治区）	市县	系数
辽宁	大连	0.070 1
	丹东	0.005 5
	营口	0.033 8
	盘锦	0.033 8
	葫芦岛	0.005 5
	锦州	0.017 7
天津	天津	0.302 3
河北	秦皇岛	0.017 7
	唐山	0.070 1
	沧州	0.033 8
山东	青岛	0.070 1
	东营	0.070 1
	烟台	0.070 1
	潍坊	0.033 8
	威海	0.070 1
	日照	0.033 8
	莱芜	0.033 8
	滨州	0.033 8
江苏	南通	0.070 1
	连云港	0.033 8
	盐城	0.017 7
上海	上海	0.302 3
浙江	宁波	0.070 1
	温州	0.033 8
	台州	0.033 8
	舟山	0.070 1
	嘉兴	0.070 1
	湖州	0.033 8
福建	福州	0.033 8
	厦门	0.302 3
	泉州	0.070 1
	漳州	0.017 7
	莆田	0.033 8
	宁德	0.005 5

续表

沿海省（直辖市、自治区）	市县	系数
广东	深圳	0.302 3
	广州	0.302 3
	东莞	0.302 3
	珠海	0.302 3
	中山	0.302 3
	江门	0.033 8
	潮州	0.017 7
	湛江	0.017 7
	惠州	0.038 8
	揭阳	0.033 8
	茂名	0.017 7
	汕头	0.302 3
	阳江	0.017 7
	汕尾	0.017 7
广西	北海	0.033 8
	防城港	0.005 5
	钦州	0.005 5
海南	三亚	0.017 7
	海口	0.070 1
	文昌	0.005 5
	澄迈县	0.005 5
	昌江黎族自治区	0.005 5
	乐东黎族自治区	0.005 5
	琼海	0.005 5
	儋州	0.017 7
	临高县	0.005 5
	东方	0.005 5
	万宁	0.005 5
	陵水黎族自治区	0.005 5
	三沙	0.017 7

注：三沙市以海南省平均数计。

（4）分区调整系数的确定

根据我国海洋保护区的保护、建设与管理现状，海洋保护区采取了分区方式进行管理，其中《海洋自然保护区管理办法》对海洋自然保护区内的核心区、缓冲区和实验区做了管理规定，《海洋特别保护区管理办法》对海洋特别保护区内的重点保护区、适度利用区、生态与资源恢复区和预留区做了管理规定。由于不同分区类型的发展限制要求不同，造成不同分区保护与建设的发展机会成本也有所差异，因此，本标准针对海洋自然保护区和海洋特别保护区的不同分区类型分别确定补偿系数。分区调整系数的计算公式如下：

$$R_i = \frac{\sum\limits_j B_{ij}}{\sum\limits_j \overline{A_j}}(i = 1, 2, 3, \cdots, 7)(j = 1, 2, 3, \cdots, 12) \quad (8.1)$$

式中：R_i 为海洋保护区第 i 个分区类型的补偿系数；$\overline{A_j}$ 为陆地第 j 个经济行业类型的 5 年平均产业增加值无量纲化处理后的标准值；B_{ij} 为海洋保护区第 i 个分区类型的保护与建设活动对陆地第 j 个经济行业类型的机会损失系数。

①标准值的确定

产业增加值无量纲化的具体公式如下：

$$\overline{A_j} = \frac{(a_j - a_{\min})}{(a_{\max} - a_{\min})}(j = 1, 2, 3, \cdots, 12) \quad (8.2)$$

式中：$\overline{A_j}$ 为陆地第 j 个经济行业类型的 5 年平均产业增加值无量纲化处理后的标准值；a_j 为陆地第 j 个经济行业类型的 5 年平均产业增加值；$a_{\min}$ 为所有陆地经济行业类型 5 年平均产业增加值中的最小值；$a_{\max}$ 为所有陆地第 j 个经济行业类型 5 年平均产业增加值中的最大值。

2010—2014 年全国陆地行业类型增加值如表 8-8 所示，通过式（8.2）进行无量纲化，得到标准值，见表 8-9。

表 8-8 2010—2014 年全国陆地经济行业增加值　　　　　单位：亿元

行业类型	2010 年	2011 年	2012 年	2013 年	2014 年
农、林、牧、渔业	40 521.80	47 472.90	52 358.80	56 966.00	59 699.58
采矿业	20 872.30	26 145.60	24 912.40	25 289.10	23 235.68
制造业	130 282.50	153 062.70	165 652.80	177 012.80	194 104.77
电力、燃气及水的生产和供应业	11 221.60	12 362.50	13 974.40	14 962.00	14 704.19
建筑业	27 177.60	32 840.00	36 804.80	40 807.30	44 532.80

行业类型	2010 年	2011 年	2012 年	2013 年	2014 年
批发和零售业	35 904.40	43 730.50	49 831.00	56 284.10	61 939.89
交通运输、仓储和邮政业	18 777.00	21 834.10	23 754.70	26 036.30	28 280.09
住宿和餐饮业	7 712.00	8 565.40	9 536.90	10 228.30	11 072.05
信息传输、计算机服务和软件业	8 950.80	10 181.50	11 799.50	13 549.40	15 816.11
金融业	25 679.70	30 678.20	35 187.70	41 190.50	46 303.67
房地产业	23 569.90	28 167.60	31 248.30	35 987.60	37 706.40
租赁和商务服务业	7 475.40	9 424.80	11 215.50	13 306.60	15 157.85
科学研究和技术服务业	5 691.20	7 039.60	8 356.40	9 737.00	12 155.79
水利、环境和公共设施管理业	1 802.50	2 130.50	2 555.10	3 051.70	3 445.80
居民服务和其他服务业	6 411.80	7 517.10	8 156.80	8 625.10	9 631.10
教育	12 018.50	14 363.70	16 172.10	18 428.80	20 995.97
卫生和社会工作	5 856.60	7 394.20	8 974.50	10 996.70	12 635.35
文化、体育和娱乐业	2 674.70	3 133.50	3 529.60	3 866.30	4 241.38
公共管理、社会保障和社会组织	16 302.70	18 079.00	20 101.70	21 693.00	23 326.57

注：数据来源为《中国统计年鉴》。

表 8-9　年平均产业增加值无量纲化处理后的标准值

经济行业类型	标准值
农、林、牧、渔业	0.30
采矿业	0.14
制造业	1.04
电力、燃气及水的生产和供应业	0.07
建筑业	0.22
批发和零售业	0.30
交通运输、仓储和邮政业	0.14
住宿和餐饮业	0.04
信息传输、计算机服务和软件业	0.06
金融业	0.21
房地产业	0.19
租赁和商务服务业	0.06
科学研究和技术服务业	0.04
水利、环境和公共设施管理业	0.00

经济行业类型	标准值
居民服务和其他服务业	0.04
教育	0.09
卫生和社会工作	0.04
文化、体育和娱乐业	0.01
公共管理、社会保障和社会组织	0.11

②机会损失系数的确定

$$B_{ij} = \overline{A_j} \times C_{ij}(i = 1, 2, 3, \cdots, 7)(j = 1, 2, 3, \cdots, 12) \tag{8.3}$$

式中：$\overline{A_j}$ 为陆地第 j 个经济行业类型的 5 年平均产业增加值无量纲化处理后的标准值；B_{ij} 为海洋保护区第 i 个分区类型的保护与建设活动对陆地第 j 个经济行业类型的机会损失系数；C_{ij} 为海洋保护区第 i 个分区类型对陆地第 j 个经济行业类型的影响系数。

海洋保护区不同分区类型对陆地各经济行业类型的影响系数通过专家打分法获得，具体结果如表 8-10 所示。根据式（8.3），计算得到海洋保护区不同分区类型对各海洋产业类型的机会损失系数（表 8-11）。

表 8-10　海洋保护区保护与建设对陆地各经济行业类型的影响系数

行业类型	海洋自然保护区			海洋特别保护区			
	核心区	缓冲区	实验区	重点保护区	适度利用区	生态与资源恢复区	预留区
农、林、牧、渔业	1.00	0.80	0.30	0.80	0.00	0.20	0.20
采矿业	1.00	1.00	0.70	1.00	0.70	0.50	0.20
制造业	1.00	1.00	0.70	1.00	0.70	0.50	0.20
电力、燃气及水的生产和供应业	1.00	1.00	0.70	1.00	0.70	0.50	0.20
建筑业	1.00	1.00	0.70	0.80	0.70	0.50	0.20
批发和零售业	1.00	1.00	0.70	1.00	0.70	0.50	0.20
交通运输、仓储和邮政业	1.00	1.00	0.70	0.80	0.70	0.50	0.20
住宿和餐饮业	1.00	1.00	0.70	1.00	0.70	0.50	0.20
信息传输、计算机服务和软件业	1.00	1.00	0.70	1.00	0.70	0.50	0.20
金融业	1.00	1.00	0.70	1.00	0.70	0.50	0.20
房地产业	1.00	1.00	0.70	1.00	0.70	0.50	0.20
租赁和商务服务业	1.00	0.80	0.30	1.00	0.70	0.50	0.20
科学研究和技术服务业	1.00	1.00	0.30	0.80	0.70	0.50	0.20
水利、环境和公共设施管理业	1.00	0.00	0.70	1.00	0.70	0.50	0.20

行业类型	海洋自然保护区			海洋特别保护区			
	核心区	缓冲区	实验区	重点 保护区	适度 利用区	生态与资源 恢复区	预留区
居民服务和其他服务业	1.00	1.00	0.70	1.00	0.70	0.50	0.20
教育	1.00	0.80	0.70	0.80	0.70	0.50	0.20
卫生和社会工作	1.00	1.00	0.70	1.00	0.70	0.50	0.20
文化、体育和娱乐业	1.00	1.00	0.70	1.00	0.70	0.50	0.20
公共管理、社会保障和社会组织	1.00	0.00	0.70	1.00	0.70	0.50	0.20

注：限制系数越高，分值越高；限制系数为 1，表示完全禁止该类产业生产活动；限制系数为 0，表示该类产业完全不受保护区保护与建设的影响。

表 8-11 海洋保护区保护与建设对陆地各经济行业类型的机会损失系数

海洋产业类型	海洋自然保护区			海洋特别保护区			
	核心区	缓冲区	实验区	重点 保护区	适度 利用区	生态与资源 恢复区	预留区
农、林、牧、渔业	0.30	0.24	0.09	0.24	0.00	0.06	0.06
采矿业	0.13	0.13	0.09	0.13	0.09	0.07	0.03
制造业	1.00	1.00	0.70	1.00	0.70	0.50	0.20
电力、燃气及水的生产和供应业	0.07	0.07	0.05	0.07	0.05	0.03	0.01
建筑业	0.21	0.21	0.15	0.17	0.15	0.10	0.04
批发和零售业	0.29	0.29	0.20	0.29	0.20	0.15	0.06
交通运输、仓储和邮政业	0.13	0.13	0.09	0.10	0.09	0.07	0.03
住宿和餐饮业	0.04	0.04	0.03	0.04	0.03	0.02	0.01
信息传输、计算机服务和软件业	0.06	0.06	0.04	0.06	0.04	0.03	0.01
金融业	0.21	0.21	0.14	0.21	0.14	0.10	0.04
房地产业	0.18	0.18	0.12	0.18	0.12	0.09	0.04
租赁和商务服务业	0.05	0.04	0.02	0.05	0.04	0.03	0.01
科学研究和技术服务业	0.04	0.04	0.01	0.03	0.03	0.02	0.01
水利、环境和公共设施管理业	0.00	0.00	0.00	0.00	0.00	0.00	0.00
居民服务和其他服务业	0.03	0.03	0.02	0.03	0.02	0.02	0.01
教育	0.09	0.07	0.06	0.07	0.06	0.04	0.02
卫生和社会工作	0.04	0.04	0.03	0.04	0.03	0.02	0.01
文化、体育和娱乐业	0.01	0.01	0.00	0.01	0.00	0.00	0.00
公共管理、社会保障和社会组织	0.11	0.00	0.08	0.11	0.08	0.05	0.02

③分区调整系数的确定

根据式（8.1），计算得到海洋保护区分区调整系数（表8-12）。

表8-12　海洋保护区分区调整系数

保护区类型	分区类型	补偿系数
海洋自然保护区	核心区	1.00
	缓冲区	0.93
	实验区	0.65
海洋特别保护区	重点保护区	0.95
	适度利用区	0.63
	生态与资源恢复区	0.47
	预留区	0.20

2）海域占用的机会成本

$$C_{F2} = \sum_{i=1}^{7} SL \times S_i \times m \times \alpha_2 \times \beta_{i2}$$

式中：C_{F2} 为区域发展机会成本；SL 为全国单位海域面积的海洋产业生产总值；S_i 为海洋保护区所占据的不同分区类型的海域面积；m 为收益调整系数，依据全国公共预算收入与当年 GDP 的比值确定；α_2 为区域调整系数；β_{i2} 为不同分区类型的调整系数。

（1）全国单位海域面积的海洋产业生产总值

$$SL = GOP_{总}/S_{海域}$$

由全国沿海省市 2010—2014 年平均海洋产业生产总值除以海域面积计算所得，见表8-13。通过计算，得到全国沿海省市平均 GOP 值为 50 025.24 亿元，海域面积（按海洋功能区划面积计算）为 332 442.5 km²，单位海域面积的海洋产业生产总值为 1 504 万元/ km²。

表8-13　沿海省市近五年 GOP 值及海域面积

省（直辖市、自治区）	2010 年（亿元）	2011 年（亿元）	2012 年（亿元）	2013 年（亿元）	2014 年（亿元）	海域面积（km²）
辽宁	2 619.6	3 345.5	3 391.7	3 741.9	3 917	36 687
河北	1 152.9	1 451.4	1 622	1 741.8	2 051.7	7 227.76
天津	3 021.5	3 519.3	3 939.2	4 554.1	5 032.2	3 000

省（直辖市、自治区）	2010年（亿元）	2011年（亿元）	2012年（亿元）	2013年（亿元）	2014年（亿元）	海域面积（km²）
山东	7 074.5	8 029	8 972.1	9 696.2	11 288	47 300
江苏	3 550.9	4 253.1	4 722.9	4 921.2	5 590.2	34 766.15
上海	5 224.5	5 618.5	5 946.3	6 305.7	6 249	10 754.6
浙江	3 883.5	4 536.8	4 947.5	5 257.9	5 437.7	44 500
福建	3 682.9	4 284	4 482.8	5 028	5 980.2	37 600
广东	8 253.7	9 191.1	10 506.6	11 283.6	13 229.8	64 784
广西	548.7	613.8	761	899.4	1 021.2	16 130
海南	560	653.5	752.9	883.4	902.1	23 693

（2）区域调整系数的确定

由于地区海洋生产总值可以反映当地海洋经济发展状况，当地海洋经济发展状况直接影响到该地区海洋保护区发展机会成本的计算，因此，本标准采用海洋生产总值确定海洋保护区海域部分机会成本的区域调整系数。

具体计算方法：通过计算各沿海省市2010—2014年5年GOP平均值与全国平均GOP之比获得沿海各省市区域系数基准值。

考虑到各沿海省市内部经济发展水平差异较大，县市又没有统计GOP值，因此，采用各沿海县市地均GDP与全省均值的对比，来区别各沿海县市内部经济差异。

将省际差异（表8-14）与省内差异（表8-15）结合进行考虑，再通过标准化处理及聚类分析，以其均值作为最后的系数（表8-16）。

$$H_j = 单位\,GOP/\,全国均值$$

$$h = (H_j - H_{min})/(H_{max} - H_{min})$$

$$\alpha_2 = \frac{h_1 + h_2 + \cdots + h_n}{n}$$

表8-14　2010—2014年全国沿海省市GOP一览表

省（直辖市、自治区）	2010年（亿元）	2011年（亿元）	2012年（亿元）	2013年（亿元）	2014年（亿元）	平均GOP（万元/km²）	与全国平均之比
辽宁	2 619.6	3 345.5	3 391.7	3 741.9	3 917	928	0.605
河北	1 152.9	1 451.4	1 622	1 741.8	2 051.7	2 219	1.449

续表

省（直辖市、自治区）	2010 年（亿元）	2011 年（亿元）	2012 年（亿元）	2013 年（亿元）	2014 年（亿元）	平均 GOP（万元/km²）	与全国平均之比
天津	3 021.5	3 519.3	3 939.2	4 554.1	5 032.2	4 459	2.911
山东	7 074.5	8 029	8 972.1	9 696.2	11 288	1 905	1.244
江苏	3 550.9	4 253.1	4 722.9	4 921.2	5 590.2	1 325	0.865
上海	5 224.5	5 618.5	5 946.3	6 305.7	6 249	5 457	3.562
浙江	3 883.5	4 536.8	4 947.5	5 257.9	5 437.7	1 082	0.706
福建	3 682.9	4 284	4 482.8	5 028	5 980.2	1 248	0.814
广东	8 253.7	9 191.1	10 506.6	11 283.6	13 229.8	1 620	1.057
广西	548.7	613.8	761	899.4	1 021.2	477	0.311
海南	560	653.5	752.9	883.4	902.1	317	0.207

表 8-15　2011—2015 年全国沿海市县 GDP 一览表　　　　单位：亿元

省（市、区）	2011 年	2012 年	2013 年	2014 年	2015 年
辽宁	22 226.7	24 846.43	27 213.22	28 626.58	28 669.02
大连	6 150.63	7 002.83	7 650.79	7 655.58	7 731.64
丹东	888.67	1 015.37	1 107.30	1 023.23	984.90
营口	1 224.65	1 381.18	1 513.11	1 546.08	1 513.75
盘锦	1 119.92	1 244.96	1 351.06	1 304.22	1 256.54
葫芦岛	650.06	719.33	775.11	721.55	720.17
锦州	1 116.93	1 242.71	1 344.93	1 364.00	1 327.33
天津	11 307.28	12 893.88	14 442.01	15 726.93	16 538.19
天津滨海新区	6 206.87	7 205.17	8 020.40	8 760.15	9 270.31
河北	24 515.76	26 575.01	28 442.95	29 421.15	29 806.11
秦皇岛	1 070.08	1 139.37	1 168.75	1 200.02	1 250.44
唐山	5 442.45	5 861.64	6 121.21	6 225.3	6 103.06
沧州	2 585.2	2 812.42	3 012.99	3 133.38	3 320.63
山东	45 361.85	50 013.24	55 230.32	59 426.59	63 002.33
青岛	6 615.60	7 302.11	8 006.60	8 692.10	9 300.07
东营	2 676.35	3 000.66	3 250.20	3 430.49	3 450.64
烟台	4 906.83	5 281.38	5 613.87	6 002.08	6 446.08
潍坊	3 541.84	4 012.43	4 420.70	4 786.74	5 170.53
威海	2 110.95	2 337.86	2 549.69	2 790.34	3 001.57

省（市、区）	2011 年	2012 年	2013 年	2014 年	2015 年
日照	1 214.07	1 352.57	1 500.16	1 611.84	1 670.80
莱芜	611.88	631.41	653.48	687.60	665.83
滨州	1 817.58	1 987.73	2 155.73	2 276.71	2 355.33
江苏	49 110.27	54 058.22	59 753.37	65 080.32	70 116.38
南通	4 080.22	4 558.67	5 150.01	5 652.69	6 148.40
连云港	1 410.52	1 603.42	1 810.49	1 965.89	2 160.64
盐城	2 771.33	3 120.00	3 490.55	3 835.62	4 212.50
上海	19 195.69	20 181.72	21 818.15	23 567.7	25 123.45
浙江	32 318.85	34 665.33	37 756.58	40 173.03	42 886.49
宁波	6 059.24	6 582.21	7 128.87	7 610.28	8 003.61
温州	3 418.53	3 669.18	4 003.86	4 303.05	4 618.08
台州	3 418.53	2 911.26	3 153.34	3 387.38	3 553.85
舟山	772.75	853.18	930.85	1 015.26	1 092.85
嘉兴	2 677.09	2 890.57	3 147.66	3 352.60	3 517.81
湖州	1 520.06	1 664.30	1 803.15	1 956.00	2 084.26
福建	17 560.18	19 701.78	21 868.49	24 055.76	25 979.82
福州	3 736.38	4 210.93	4 678.49	5 169.16	5 618.08
厦门	2 539.31	2 815.17	3 018.16	3 273.58	3 466.03
泉州	4 270.89	4 702.70	5 218.00	5 733.36	6 137.71
漳州	1 768.20	2 012.92	2 236.02	2 506.36	2 767.35
莆田	1 050.62	1 200.38	1 342.86	1 502.07	1 655.60
宁德	930.12	1 075.06	1 238.72	1 376.09	1 487.36
广东	53 210.28	57 067.92	62 474.79	67 809.85	72 812.55
深圳	11 515.86	12 971.47	14 572.67	16 001.82	17 502.86
广州	12 423.44	13 551.21	15 497.23	16 706.87	18 100.41
东莞	4 771.93	5 039.21	5 517.47	5 881.32	6 275.07
珠海	1 410.34	1 509.24	1 679.00	1 867.21	2 025.41
中山	2 194.73	2 446.30	2 651.93	2 823.01	3 010.03
潮州	648.38	707.85	784.24	850.22	910.11
江门	1 830.64	1 880.39	2 000.18	2 082.76	2 240.02
湛江	1 717.88	1 872.12	2 070.01	2 258.99	2 380.02
惠州	2 094.94	2 379.49	2 705.13	3 000.37	3 140.03
揭阳	1 223.88	1 393.02	1 605.35	1 780.44	1 890.01
茂名	1 721.25	1 916.41	2 170.97	2 349.03	2 445.63

省（市、区）	2011 年	2012 年	2013 年	2014 年	2015 年
汕头	1 279.08	1 430.72	1 573.73	1 716.51	1 868.03
阳江	767.24	888.71	1 049.63	1 168.55	1 250.01
汕尾	538.14	609.46	671.75	716.99	762.06
广西	11 720.87	13 035.10	14 449.9	15 672.89	16 803.12
北海	496.6	630.09	735	856	891
防城港	413.77	443.99	530.4	588.89	620.71
钦州	646.65	691.32	753.74	854.96	944.42
海南	2 522.66	2 855.54	3 177.56	3 500.72	3 702.76
三亚	286.5	324.82	365.89	402.26	435.82
海口	761.76	858.49	989.49	1 091.7	1 161.96
文昌	135.92	148.54	157.05	159.8	169.63
澄迈县	146.3	164.64	204.63	226.81	240.49
昌江黎族自治区	74.56	85.75	91.06	94.79	90.19
乐东黎族自治区	68.75	72.97	80.92	93.59	104.37
琼海	138.16	152.1	167.85	187.7	200.5
儋州	344.74	401.88	403.1	439.86	443.25
临高县	83.9	102.2	116.76	135.45	144.52
东方	89.1	109.6	119.58	134.5	144.56
万宁	118.47	133.4	139.59	152.29	165.82
陵水黎族自治区	77.07	85.55	102.69	109.94	117.25
三沙	–	–	–	–	–

表 8-16　区域调整系数

省（直辖市、自治区）	市县	系数
辽宁	大连	0.239 7
	丹东	0.010 1
	营口	0.071 2
	盘锦	0.071 2
	葫芦岛	0.010 1
	锦州	0.032 9
天津	天津	0.239 7

续表

省（直辖市、自治区）	市县	系数
河北	秦皇岛	0.032 9
	唐山	0.239 7
	沧州	0.071 2
山东	青岛	0.239 7
	东营	0.239 7
	烟台	0.239 7
	潍坊	0.071 2
	威海	0.239 7
	日照	0.071 2
	莱芜	0.071 2
	滨州	0.071 2
江苏	南通	0.239 7
	连云港	0.032 9
	盐城	0.032 9
上海	上海	0.239 7
浙江	宁波	0.071 2
	温州	0.032 9
	台州	0.032 9
	舟山	0.071 2
	嘉兴	0.071 2
	湖州	0.032 9
福建	福州	0.071 2
	厦门	0.239 7
	泉州	0.071 2
	漳州	0.032 9
	莆田	0.071 2
	宁德	0.010 1

续表

省（直辖市、自治区）	市县	系数
广东	深圳	0.239 7
	广州	0.239 7
	东莞	0.239 7
	珠海	0.239 7
	中山	0.239 7
	江门	0.032 9
	潮州	0.032 9
	湛江	0.010 1
	惠州	0.032 9
	揭阳	0.032 9
	茂名	0.032 9
	汕头	0.239 7
	阳江	0.010 1
	汕尾	0.010 1
广西	北海	0.071 2
	防城港	0.010 1
	钦州	0.010 1
海南	三亚	0.032 9
	海口	0.071 2
	文昌	0.010 1
	澄迈县	0.010 1
	昌江黎族自治区	0.010 1
	乐东黎族自治区	0.010 1
	琼海	0.010 1
	儋州	0.010 1
	临高县	0.010 1
	东方	0.010 1
	万宁	0.010 1
	陵水黎族自治区	0.010 1
	三沙	0.010 1

注：三沙市以海南省平均数计。

（3）分区调整系数的确定

根据我国海洋保护区的保护、建设与管理现状，海洋保护区采取了分区方式进行管理，其中《海洋自然保护区管理办法》对海洋自然保护区内的核心区、缓冲区和实验区做了管理规定，《海洋特别保护区管理办法》对海洋特别保护区内的重点保护区、适度利用区、生态与资源恢复区和预留区做了管理规定。由于不同分区类型的发展限制要求不同，造成不同分区保护与建设的发展机会成本也有所差异，因此，本标准针对海洋自然保护区和海洋特别保护区的不同分区类型分别确定补偿系数。分区调整系数的计算公式如下：

$$R_i = \frac{\sum_j B_{ij}}{\sum_j \overline{A_j}} (i = 1, 2, 3, \cdots, 7)(j = 1, 2, 3, \cdots, 12) \tag{8.4}$$

式中：R_i 为海洋保护区第 i 个分区类型的调整系数；$\overline{A_j}$ 为第 j 个海洋产业类型的 5 年平均产业增加值无量纲化处理后的标准值；B_{ij} 为海洋保护区第 i 个分区类型的保护与建设活动对第 j 个海洋产业类型的机会损失系数。

①标准值的确定

产业增加值无量纲化的具体公式如下：

$$\overline{A_j} = \frac{(a_j - a_{\min})}{(a_{\max} - a_{\min})} (j = 1, 2, 3, \cdots, 12) \tag{8.5}$$

式中：$\overline{A_j}$ 为第 j 个海洋产业类型的 5 年平均产业增加值无量纲化处理后的标准值；a_j 为第 j 个海洋产业类型的 5 年平均产业增加值；$a_{\min}$ 为所有海洋产业类型 5 年平均产业增加值中的最小值；$a_{\max}$ 为所有海洋产业类型 5 年平均产业增加值中的最大值。

2010—2014 年全国海洋及相关产业增加值如表 8-17 所示，通过式（8.5）进行无量纲化，得到标准值（表 8-18）。

表 8-17　2010—2014 年全国海洋及相关产业增加值　　　单位：亿元

海洋产业类型	2010 年	2011 年	2012 年	2013 年	2014 年
海洋渔业	2 851.60	3 202.90	3 560.50	3 997.60	4 126.60
海洋油气业	1 302.20	1 719.70	1 718.70	1 666.60	1 530.40
海洋矿业	45.20	53.30	45.10	54.00	59.60
海洋盐业	65.50	76.80	60.10	63.20	68.30
海洋化工业	613.80	695.90	843.00	813.90	920.00
海洋生物医药业	83.80	150.80	184.70	238.70	258.10

海洋产业类型	2010 年	2011 年	2012 年	2013 年	2014 年
海洋电力业	38.10	59.20	77.30	91.50	107.70
海水利用业	8.90	10.40	11.10	11.90	12.70
海洋船舶工业	1 215.60	1 352.00	1 291.30	1 213.20	1 395.50
海洋工程建筑业	874.20	1 086.80	1 353.80	1 595.50	1 735.00
海洋交通运输业	3 785.80	4 217.50	4 752.60	4 876.50	5 336.90
滨海旅游	5 303.10	6 239.90	6 931.80	7 839.70	9 752.80

注：数据来源为《中国海洋统计年鉴》。

表 8-18 2010—2014 年 5 年平均产业增加值无量纲化处理后的标准值

海洋产业类型	标准值
海洋渔业	0.49
海洋油气业	0.22
海洋矿业	0.01
海洋盐业	0.01
海洋化工业	0.11
海洋生物医药业	0.02

②机会损失系数的确定

$$B_{ij} = \overline{A_j} \times C_{ij} (i = 1, 2, 3, \cdots, 7)(j = 1, 2, 3, \cdots, 12) \tag{8.6}$$

式中：$\overline{A_j}$ 为第 j 个海洋产业类型的 5 年平均产业增加值无量纲化处理后的标准值；B_{ij} 为海洋保护区第 i 个分区类型的保护与建设活动对第 j 个海洋产业类型的机会损失系数；C_{ij} 为海洋保护区第 i 个分区类型对第 j 个海洋产业类型的影响系数。

海洋保护区不同分区类型对各海洋产业类型的影响系数通过专家打分法获得，具体结果如表 8-19 所示。根据式（8.6），计算得到海洋保护区不同分区类型对各海洋产业类型的机会损失系数（表 8-20）。

表 8-19　海洋保护区保护与建设对不同海洋产业类型的影响系数

海洋产业类型	海洋自然保护区			海洋特别保护区			
	核心区	缓冲区	实验区	重点保护区	适度利用区	生态与资源恢复区	预留区
海洋渔业	1.00	0.80	0.30	0.80	0.00	0.20	0.20
海洋油气业	1.00	1.00	0.70	1.00	0.70	0.50	0.20
海洋矿业	1.00	1.00	0.70	1.00	0.70	0.50	0.20
海洋盐业	1.00	1.00	0.70	1.00	0.70	0.50	0.20
海洋化工业	1.00	1.00	0.70	1.00	0.70	0.50	0.20
海洋生物医药业	1.00	1.00	0.70	1.00	0.70	0.50	0.20
海洋电力业	1.00	1.00	0.70	1.00	0.70	0.50	0.20
海水利用业	1.00	1.00	0.70	1.00	0.70	0.50	0.20
海洋船舶工业	1.00	1.00	0.70	1.00	0.70	0.50	0.20
海洋工程建筑业	1.00	1.00	0.70	0.80	0.70	0.50	0.20
海洋交通运输业	1.00	1.00	0.70	0.80	0.70	0.50	0.20
滨海旅游	1.00	0.80	0.30	0.80	0.00	0.20	0.20

注：限制系数越高，分值越高；限制系数为1，表示完全禁止该类产业生产活动；限制系数为0，表示该类产业完全不受保护区保护与建设的影响。

表 8-20　海洋保护区保护与建设对不同海洋产业类型的机会损失系数

海洋产业类型	海洋自然保护区			海洋特别保护区			
	核心区	缓冲区	实验区	重点保护区	适度利用区	生态与资源恢复区	预留区
海洋渔业	0.49	0.39	0.15	0.39	0.00	0.10	0.10
海洋油气业	0.22	0.22	0.15	0.22	0.15	0.11	0.04
海洋矿业	0.01	0.01	0.00	0.01	0.00	0.00	0.00
海洋盐业	0.01	0.01	0.01	0.01	0.01	0.00	0.00
海洋化工业	0.11	0.11	0.07	0.11	0.07	0.05	0.02
海洋生物医药业	0.02	0.02	0.02	0.02	0.02	0.01	0.00
海洋电力业	0.01	0.01	0.01	0.01	0.01	0.00	0.00
海水利用业	0.00	0.00	0.00	0.00	0.00	0.00	0.00
海洋船舶工业	0.18	0.18	0.12	0.18	0.12	0.09	0.04
海洋工程建筑业	0.18	0.18	0.13	0.15	0.13	0.09	0.04
海洋交通运输业	0.64	0.64	0.45	0.51	0.45	0.32	0.13
滨海旅游	1.00	0.80	0.30	0.80	0.00	0.20	0.20

③分区调整系数的确定

根据式（8.4），计算得到海洋保护区分区调整系数（表8-21）。

表8-21 海洋保护区分区调整系数

保护区类型	分区类型	系数
海洋自然保护区	核心区	1.00
	缓冲区	0.90
	实验区	0.49
海洋特别保护区	重点保护区	0.84
	适度利用区	0.34
	生态与资源恢复区	0.34
	预留区	0.20

公式依据：

假设海洋保护区的全部陆域与海域面积都用于开发，以全国平均开发水平（单位土地GDP或单位海域GOP）为标准，海洋保护区可以获得的收益即为海洋保护区的机会成本。

考虑到全国单位土地与单位海域面积产生的经济产值并不相同，因此在计算机会成本时将陆域机会成本与海域机会成本分开计算，即分别用式（8.1）和式（8.2）进行计算。

我们讲的区域发展权的损失，针对的是当地政府的损失，而对于当地政府的损失而言，由于GDP或者GOP得不到发展而损失了财政收入，而非GDP或者GOP本身，因此，我们通过在公式中加入收益调整系数来实现。收益调整系数 m，以全国公共预算收入与当年GDP的比值确定。

由于我国幅员辽阔，各地区发展不平衡，在考虑区域发展权时必须考虑区域发展水平问题，因此，在计算中加入区域调整系数 α。

海洋保护区包括海洋自然保护区和海洋特别保护区，两种类型的保护区都设置了不同的功能分区。海洋自然保护区分为核心区、缓冲区和实验区，海洋特别保护区分为重点保护区、适度利用区、生态与资源恢复区、预留区。由于不同的功能分区对于开发模式有不同的限制要求，因此区域的机会发展权损失程度有所差别。因此，采用分区调整系数 β 进行计算。

第九章　海洋保护区生态补偿意愿价值评估

第一节　CVM 方法应用概述

意愿价值法（CVM）是国际社会进行非市场价值评估最广泛采用的陈述偏好方法，它是在假想市场环境下，直接询问受访者对于某一环境物品或资源保护措施的支付意愿（WTP）或因环境受到破坏及资源损失的受偿意愿（WTA），以 WTP 和 WTA 来评估环境服务的经济价值[225]。该方法最大的优点在于拥有强大的数据获取能力，不受统计资料的限制，但因其采取假想市场揭示偏好，导致评估结果的有效性和可靠性经常成为学术界争论的焦点[226]。近年来，国内外越来越重视 CVM 在生态补偿政策领域中的应用，相关研究兼顾理论探讨和案例实践，但由于我国引入该方法的时间尚短，有关 CVM 信度和效度检验的实证研究仍有待加强，使得 CVM 至今没有成为国内生态补偿标准的官方判定方法[227]。鉴于此，本章首先从 CVM 方法的理论基础出发，全面梳理国内外 CVM 在生态补偿领域的研究进展，然后概括 CVM 评估的实施步骤，深入探讨 CVM 研究方法本身和在实施过程中可能产生的偏差，归纳总结合理规避偏差的技术途径和处理方法，从而针对海洋保护区进行 CVM 应用研究，以北仑河口国家级自然保护区为例，提出海洋保护区生态补偿意愿价值评估的实施流程及规范，并进行海洋保护区生态补偿意愿价值评估及相关分析。本章研究的主要目的在于：一是全面梳理海洋保护区生态补偿意愿价值评估过程，为后续开展实地调研和案例分析提供工作流程与实施要求；二是尽量规避 CVM 在实践应用中可能产生的偏差，提高 CVM 测度海洋保护区生态补偿意愿价值的准确性和有效性；三是规范 CVM 调查实施技术，使 CVM 在海洋保护区生态补偿评估技术导则中的应用及推广成为可能。

第二节　CVM 方法的理论基础

国际权威观点认为，CVM 的理论基础源于公共物品理论，特别与福利经济学中的效用理论和消费者剩余理论紧密相关。

一、公共物品理论

在微观经济学理论中，社会产品由公共物品和私人物品两大类组成。根据新古典经济学家萨缪尔森最先提出的定义，公共物品是指那种不论个人是否愿意购买，都能使整个社会的每一个成员获益的物品，这意味着公共物品在效用上具有不可分割性。纯粹的公共物品具有无排他性和无竞争性的基本特征。

生态保护活动所维持或增加的生态产品和服务，其中大部分都具有公共物品的属性。由于公共物品在消费中的"搭便车"问题，造成生态保护的实施者无法从中获得必要的报酬而放弃生态保护和建设，造成生态产品和服务的供给不足或过度消费，使生态系统服务表现出越来越强的稀缺性，进而造成整体环境恶化。由于市场在公共物品的资源配置中出现失灵，因此在生态系统服务的维护和供给中，政府应该发挥重要的调节作用。政府的管制和买单是有效解决公共物品问题的机制之一。如果公共物品的提供者能够得到有效激励，那么公共产品也是可以做到足额供给的。

二、福利经济理论

国际权威观点认为，CVM 以消费者效用恒定的福利经济学理论为基础，CVM 调查获得衡量公共物品改善或损失的效用指标 WTP 和 WTA，分别对应于衡量消费者剩余的补偿变差（CV）与等量变差（EV）。当环境改善、消费者福利增加时，CV 是消费者为获得增加的一系列效用所愿意支付的最大数额（WTP），EV 是消费者为获得福利的增加而自愿放弃福利变化前应得到的最低补偿数额（WTA）；当环境恶化、消费者福利受损时，CV 是为使消费者福利不变所必须补偿的最小数额（WTA），EV 是消费者为避免未来福利变化所愿意支付的最大数额（WTP）。

假设个人对市场商品和环境物品具有消费偏好，其对市场商品的消费用 x 表示，环境

物品用 q 表示（不受个人支配），个人的效用函数可以表示为 $u(x, q)$。个人对市场商品的消费受其个人收入（y）和商品价格 p 的限制。在一定的收入限制下，个人力图达到效用最大化的消费为：

$$\max u(x, q) \qquad \text{其中，} \sum p_i x_i \leqslant y$$

受限的最优化产生一组常规需求函数：

$$x_i = h_i(p, q, y) \quad i = 1, 2, 3, \cdots, n \text{ 为市场商品的种类}$$

定义间接效用函数为：$v(p, q, y) = u[n(p, q, y), q]$，其中效用为市场商品的价格和收入的函数；在这种情况下，也是环境物品的函数。

假定 p、y 不变，某种环境物品或服务 q 从 q_0 到 q_1，相应地，个人的效用从 $u_0 = v(p, q_0, y)$ 到 $u_1 = v(p, q_1, y)$。

若 $q_1 \geqslant q_0$，因为当 q 从 q_0 变化到 q_1 时，效用在变化后和变化前是保持不变的，即 $v(p, q_1, y - C) = v(p, q_0, y)$，则得到的补偿变化 C 就是 CVM 调查试图引导的回答者个人的 WTP。

若 $q_1 < q_0$，当环境物品或服务 q 从 q_0 变化到 q_1 时，其个人效用 $v(p, q_1, y + C) = v(p, q_0, y)$，则得到的补偿变化 C 就是 CVM 调查试图引导的回答者个人的 WTA。

第三节　CVM 评估的实施步骤

一、建立假想市场

CVM 评估通常在市场假设的条件下，以调查问卷的形式询问受访者关于某公共性物品或服务的价值评价，而在现实生活中，这样的市场是不存在的，因此，建立假想市场是调查研究的前提。CVM 所做的市场假设[228]主要包括：

（1）消费者（经济行为人），在面对两个或更多的可选对象进行选择时，必须更倾向于其中之一；

（2）消费者所做出的选择必然会使自己获得的总体效用达到最大；

（3）消费者主权原则，即行为人在市场中的消费行为充分显示了其对物品的偏好。

非市场物品的价值评估只有建立在这些共同原则之上，结果才具有可比性。

二、问卷设计

问卷设计的主要目的是在建立假想市场的基础上，询问受访者关于公共性物品或服务变化对其的影响，因此，CVM 调查问卷必须为受访者提供充分的背景资料，使其相信假想市场的真实性并对评估对象作出准确的价值评估。调查问卷一般包括三部分内容：一是关于评估对象的描述及相关背景资料；二是受访者的性别、年龄、文化程度、家庭收入状况等基本社会经济特征信息；三是受访者对公共性物品或服务的价值评价。问卷内容应直截了当、先易后难，问题排列应有一定的逻辑顺序，相关问题应放在一起。

CVM 方法中受访者的价值可通过连续型（Continuous）和离散型（Discrete）两种问卷格式来获得，其中连续型问卷格式包括重复投标博弈（Iterative Bidding Game，IB）、开放式问卷（Open-ended，OE）和支付卡（Payment Card，PC）三种类型，离散型问卷格式主要有二分法（Dichotomous Choice，DC）。

在重复投标博弈中，调查者通过不断提高和降低报价水平，直到辨明受访者的最大支付意愿或最小受偿意愿为止。投标博弈在电话调查和面对面调查中很有效，但它成本高，要求调查人员必须在场，且有起点偏差，起点值影响最终意愿价值，因而在现今研究中已不常用。

在开放式问卷中，受访者直接说出自己最大的支付意愿或最小的受偿意愿。开放式问卷的特点是无需调查人员，方便回答，无起点偏差，但受访者在回答问题上存在一定的难度，容易产生无反应的现象或抗议性回答，缺乏真实回答的激励，策略偏差。

支付卡格式为受访者提供一组有序的投标数量，试图解决不反应或抗议性反应的问题，以提高调查者的有效反应率。支付卡能够克服开放式问卷调查中存在的一些困难，但它提供的报价范围可能影响受访者的真实意愿。

在二分式问卷格式中，受访者被要求就给定的最大 WTP 或最小 WTA 回答"是"或"不是"，这种问卷格式并不能提供最大 WTP 或最小 WTA 的直接估计。目前，二分式问卷格式已发展出单边界二分法、双边界二分法、三边界二分法等多种问题格式。二分式问卷的优点是，它模拟了消费者熟悉的市场定价行为，能够提供受访者说出真实意愿的激励因素，但它在设计投标数量的范围和 WTP 或 WTA 上存在困难。

三、问卷调查

问卷调查是通过设计好的问卷，收集受访者反映的信息，获取受访者对公共性物品或服务的支付意愿或受偿意愿。在 CVM 正式调查之前，一般需进行预调查，并根据预调查的结果改进和完善初始问卷。问卷调查通常有面对面调查、电话调查、邮件调查和网上调查等多种方式。

面对面调查指调查者携带问卷分赴各个调查地点，按照调查方案的要求访问受访者，并按照问卷的格式要求记录受访者的各种回答。该方法能够对调查过程进行控制，提高调查结果的可靠程度，同时问卷回收率高，能够对调查资料的效度和信度进行评估，但其调研速度慢、成本高，对调查者素质要求较高，而且满足大范围调查的条件较为苛刻。

在电话普及率高的地区，电话调查具有省时省力、成本低且易随机抽样等优点，但由于受访者在电话中的注意力不会太长，而调查者在短时间又无法完整地描述假想市场，因此，电话调查结果往往质量较差。

邮件调查的最大优点是成本低廉，但这种方式问卷反馈时间和周期较长、反馈率低，同时无法保证受访者阅读背景资料或按问题设计的顺序答题，从而导致调查问卷结果产生偏差。

网上调查包括电子邮件、Web 站点、网络会议和网络电话等方式。网上调查具有回收速度快、回收样本量大、调查范围广以及调查隐匿性好等传统调查方式不具备的优点，但它同样具有许多不足之处，包括受访者分布不均、网络安全性问题、受访者信息的真实性以及重复答卷等。

四、数据统计与分析

在受访者的投标值变量、选择变量和社会经济特征变量之间建立一定的统计关系，估计受访者的平均意愿值，进而根据数学模型计算样本的总支付意愿，并以此确定公共性物品或服务的价值[229]。

第四节　CVM 评估偏差与对策分析

偏差即系统误差，指研究中的某一过程持续向某一方向歪曲，由此得出的结果与总体的真实意愿出现较大偏离的现象[226]。作为典型的陈述性偏好价值评估方法，CVM 评估没有真正的交易市场，而是通过构造一个假想市场，询问受访者对公共性物品或服务的支付意愿或受偿意愿，最终获得该物品或服务的总价值。由于假设条件相对简单，CVM 在实际操作过程中容易产生多种偏差。从调查过程和结果来看，CVM 评估偏差既包括 CVM 方法本身存在的偏差，也包括 CVM 实施过程中产生的偏差。

一、技术方法偏差

1）假想偏差

假想偏差即真实 WTP（或 WTA）与假想 WTP（或 WTA）之间的差异，它是指受访者对假想市场问题的回答与对真实市场的反应不一样，调查的假想性质导致与真实结果出现偏差。

减少假想偏差的方法有：介绍调查目的及相关信息，详细解释调查的生产技术情况及可能的环境效益，开展预调查，完善调查问卷；给受访者发放误工费以模拟真实市场等。

2）信息偏差

信息偏差指因信息不足而造成受访者难以给出恰当的 WTP 或 WTA。CVM 的评估对象往往不是常规市场中的物品或服务，受访者可能对其并不十分熟悉和了解，因此，调查过程中所提供信息的数量、质量和顺序将直接影响受访者的投标数量。当信息不充分甚至信息错误时，便会产生信息偏差。

减少信息偏差的方法是，尽量向调查群体提供清楚、完全和准确的信息。

3）起点偏差

起点偏差指调查问卷中 WTP 和 WTA 出价起点的高低对受访者会产生引导或暗示效果，由此造成一定的偏差。例如，受访者将问卷中设定的支付值起点或受偿值起点的高低误解成"适当"的 WTP（或 WTA）范围，从而给出明显的肯定性回答。

解决起点偏差的方法有：通过预调查来确定投标起点值和数据间隔及范围；使用较少的投标值组合，以尽量缩小起点偏差对评估结果的影响。

4）策略性偏差

为影响调查结果和实际决策过程，受访者在投标时故意夸大或压低自己的真实意愿，由此产生了策略性偏差。在问卷设计和调查实施过程中，要避免策略性偏差是极为困难的：为了获取受访者的信任，避免过多的抗议性回答，需要向受访者说明调查的假想性和虚拟性，这可能会导致受访者的过度承诺，而为了克服过度承诺的偏差，问卷需要强调调查的真实性，提醒受访者根据自己的经济实力和消费能力谨慎作答，这又有可能引起受访者对于上当受骗或募捐乞讨的警惕心理。

减少策略性偏差的措施有：剔出所有的极端值；不让受访者知道他人的选择；让受访者知道环境物品或服务的供给取决于社会总的 WTP 或 WTA。

5）抗议性偏差

抗议回答偏差是指由于受访者不满 CVM 假想市场或反对支付方式引起的偏差。当受访者不满或反对时，受访者会故意表达零投标值，或者表达极高的支付意愿或极低的受偿意愿；在个别极端情况下，部分受访者会胡乱填写问卷。

解决抗议性偏差的措施有：在问卷中专门设计一个问题了解零投标值的真实原因；在数据分析中剔除抗议投标样本。

二、调查过程偏差

在 CVM 实施过程中，影响 CVM 研究结果准确性的偏差主要有抽样调查偏差、调查人员偏差及调查方式偏差，本研究归纳了各种偏差的表现及规避方法，具体如下：

1）抽样调查偏差

抽样调查偏差指对于目标群体、研究群体不明确，针对不同 CVM 问卷格式的样本容量确定存在的偏差。具体表现为：一是调查人员不清楚随机抽取的受访者样本是否与问卷目的和内容完全匹配，导致核心估值问题的回答毫无意义；二是在调查目的不明确的情况下，收集的样本数据不具有代表性和有效性，导致研究结论不可靠；三是样本容量过大或过小影响了评价结果的准确性。

在抽样调查过程中，应采取目标抽样与分层抽样相结合的方法，通过改变样本量来控制抽样调查误差。

2）调查人员偏差

调查人员偏差指因调查人员的个性特征、谈话方式以及对问卷内容的理解程度不同导致最终评估结果不同而产生的偏差。如果调查人员对问卷内容的理解不深，提问时含糊不清、措辞生硬或态度冷淡，那么受访者会对回答问题失去兴趣，从而对估值结果造成影响。

因此，在调查实施前，应对调查人员进行专业知识和基本技能培训，使调查人员能够理解调查问卷的目的和关键内容，并能用恰当的措辞耐心地解释每个问题的意思。

3）调查方式偏差

由前文所述，CVM 的调查方式有面对面调查、电话调查、邮件调查和网上调查等多种方式，其中，面对面调查容易受周边环境及参与人员的影响，电话调查和邮件调查反应率低，相应准确性也较低[230]，而网上调查因抽样不均等问题而造成一定的偏差。

相比较而言，建议尽量采用面对面访谈的调查方式，选择相对安静的环境采访，避免受到领导、亲戚、邻居的影响。

第十章　海洋保护区生态补偿利益相关者的博弈分析

第一节　利益相关者理论在生态补偿中的应用

将利益相关者引入海洋保护区生态补偿中主要是探索或发现生态补偿这一系统中的主要角色或潜在的"相关者"，评价其利益影响程度，并由利益相关者之间的利益协调来促进生态补偿的实施。利益相关者分析存在三个层面，即理性层面、过程层面、交易层面。理性层面要解决的是"谁是利益相关者"和"这些利益相关者可期待得到的收益是什么"；过程层面解决的是生态补偿系统的组织者如何管理共同利益相关者的关系，促使这种管理过程向着有利于系统目标的方向发展；交易层面解决系统的组织者和其利益相关者之间的交易或讨价还价，并考虑这种交易是否符合利益相关者目标。利益相关者的分析应当包括三个方面的内容：第一，谁是利益相关方及其利益要求；第二明确各个利益相关方在系统中的权力大小和影响程度；第三，利益相关方在系统中的互动对系统目标的实现或偏离。进行利益相关者分析是对其利益行为博弈分析的前提，也是找到利益冲突的根源所在。

根据《海洋环境保护法》第二十条至二十三条的规定，海洋保护区分为海洋自然保护区和海洋特别保护区。我国根据该法针对海洋自然保护区和海洋特别保护区制定了相应法规规章，对海洋保护区进行管理。按照《自然保护区条例》（2011 年修订）第十八条的规定，自然保护区可以分为核心区、缓冲区和实验区。在核心区和缓冲区内实行严格保护，核心区禁止任何单位和个人进入，缓冲区只准进入从事科学研究观测活动。实验区可以进入从事科学试验、教学实习、参观考察、旅游以及驯化、繁殖珍稀、濒危野生动植物等活动。

《海洋自然保护区管理办法》（1995 年制定）第十三条对海洋自然保护区的核心区、缓冲区、实验区的管理制度作了具体规定，在缓冲区和实验区内可以从事一定的开发利用活动。由于《海洋自然保护区管理办法》的效力级别低于《自然保护区条例》，且于 1995 年制定后未修改，因此与 2011 年修订后的《自然保护区条例》有冲突之处，尤其是关于在缓冲区内可从事的活动，根据法的效力冲突解决的上位法优于下位法的规则，应当以《自然保护区条例》的规定为依据。

《海洋环境保护法》第二十三条规定"凡具有特殊地理条件、生态系统、生物与非生物资源及海洋开发利用特殊需要的区域，可以建立海洋特别保护区，采取有效的保护措施和科学的开发方式进行特殊管理"。据此，2010 年制定的《海洋特别保护区管理办法》第三十二条对此项条款内容作了具体规定，海洋特别保护区生态保护、恢复及资源利用活动应当符合其功能区管理要求。在重点保护区内，实行严格的保护制度，禁止实施各种与保护无关的工程建设活动。在适度利用区内，在确保海洋生态系统安全的前提下，允许适度利用海洋资源。鼓励实施与保护区保护目标相一致的生态型资源利用活动，发展生态旅游、生态养殖等海洋生态产业。根据科学研究结果，在生态与资源恢复区内，可以采取适当的人工生态整治与修复措施，恢复海洋生态、资源与关键生境。在预留区内，严格控制人为干扰，禁止实施改变区内自然生态条件的生产活动和任何形式的工程建设活动。

由此可见，无论是海洋自然保护区还是海洋特别保护区，其内在核心区域实行严格的保护，在核心区之外的区域可以从事一定的海洋活动，不过在自然保护区内从事的活动范围明显小于海洋特别保护区，在海洋特别保护区内可以从事一定的海洋开发利用活动，因此海洋自然保护区和海洋特别保护区利益相关者的利益影响程度有所不同。因为海洋保护区的建设，有一部社会主体会受益，另一部分主体因保护区内禁止性或限制性规定权利受到限制和制约，丧失对自然资源的利用而遭受一定损失，还有其他的相关利益主体一方面遭受一定的损失，但在其他方面会获益，兼具受益者和受损者的双重身份。制定海洋保护区生态补偿标准，首先需要对海洋保护区利益相关者进行分析，其次对利益相关者进行博弈分析，在此基础上，最终才能制定各方利益主体都相对满意的生态补偿标准。

海洋保护区生态补偿涉及不同的利益主体，一般来说，包括保护区内的社区居民、保护区管理部门、上级与当地政府部门、旅游开发商等。目前从实际情况来看，海洋保护区生态补偿的利益相关者主要包括以下几类（图 10-1）。

利益相关者具有合法性、权力性、紧密性三个特征。从合法性、权力性和紧密性三个不同的维度对海洋保护区生态补偿的利益相关者进行评析，将海洋保护区生态补偿的相关利益者划分为三个基本层次（图 10-2）：核心层（同时具有合法性、权力性和紧密性）包括各级政府、海洋保护区管理部门、开发企业与旅游公司、社区居民；紧密层（具有合法

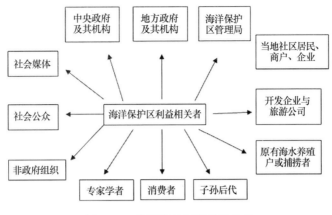

图 10-1　海洋保护区利益相关者

性、权力性和紧密性三个特征中的两个）包括非政府组织、专家学者和社会公众；外围层（具有合法性、权力性和紧密性三个特征中的一个）包括旅游消费者、社会媒体等。

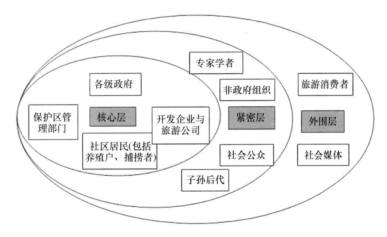

图 10-2　海洋保护区利益相关者层次图

本节分析了海洋保护区生态补偿的利益相关者，并对其层次作了划分，在这些利益相关者中，有一部分是利益获得者，应当作为生态补偿的主体；另一部分利益相关者的利益遭受损失或者为了保护区建设做出额外的贡献，应当作为生态补偿的对象；补偿主体与补偿对象之间一方的损失应当由另一方予以补偿，属于生态补偿范围研究的内容。

第二节　海洋保护区生态补偿主体

理论上来讲，根据"谁受益，谁付费"原则，一切从海洋保护区建立中获得利益的群体和个人都是生态补偿的主体。其中，利益分为经济利益、生态效益等，但是由于生态利益的特殊性，补偿主体较难确定，实际中很难让所有受益者都付费。海洋保护区生态服务功能具有消费和使用上的非竞争性和非排他性，因此无法将那些享受生态效益但是不愿意为之买单的人排除在该生态服务功能范围之外，一部分人享受了海洋保护区建设带来的生态效益却心存侥幸无偿享受生态系统服务功能；另有一部分人由于经济收入的限制难以交费，因此很难杜绝这种"搭便车"的现象，也就无法让所有理论上的生态补偿主体支付生态补偿费。

保护区生态补偿主体一般是指因保护区建设而享受生态利益者，作为海洋保护区的生态受益者应当补偿其他因保护区建设而遭受损失者。对于海洋保护区的生态补偿主体来说，主要可以分为三类：国家、市场主体、社会主体。国家主要是包括中央政府及其有关机构，比如环保部门、海洋主管部门等。但一般而言，海洋保护区生态补偿的执行机构主要是各级保护区的管理机构。市场主体是指对海洋保护区生态服务进行购买，或者在海洋自然保护区实验区内或特别保护区的适度开发区内从事相关自然资源开发利用而享用生态利益的主体。海洋保护区生态补偿的市场主体一般包括公司、企业等社会经济组织及有关公民个人等。社会主体是指除了上述两类主体之外，出于对人类未来的担忧和社会公共生态利益的考量，通过社会捐赠和国际援助等方式对自然保护区进行生态补偿的非政府组织、社会公众、国际机构和外国政府等社会化主体。

一、国家-中央人民政府

从目前的立法和实践现状来看，无论是海洋自然保护区还是海洋特别保护区，政府部门的财政转移支付都是海洋保护区生态补偿的主要资金来源，国家成为生态补偿主体已经成为共识，国家在生态补偿的过程中始终处于主导地位。

建设海洋保护区的目的是保护生态系统、生物与非生物资源及海洋开发利用的特殊地理条件等，维持和改善海洋生态环境，保护区建设带来的生态效益作为准公共物品，为所有人所共享，不仅当地居民享受生态效益，甚至是全民和整个国家都受益，除了当代人受益还包括子孙后代受益，因此应当有一个受益人的共同代表来履行义务对受损者进行补偿，这个代表就是国家，即"政府代表原则"（GRP 原则）。海洋保护区定位要依托行政区，生态区和经济区通常由不同的行政区管理，一般不能由生态区直接向经济区索取生态建设补偿费用，而只能通过国家或上级政府在经济区征税，然后以财政转移支付形式向生态区提供生态补偿费用。国家作为全民代表应当成为海洋保护区生态补偿主体，而中央人民政府代表国家行使权力，因此中央政府及其有关机构应当承担起海洋保护区生态补偿的责任。

地方人民政府由于海洋保护区的建设，对海域的开发利用受到限制，影响地方财政收入，一般被视为生态补偿的补偿对象。应落实生态保护补偿资金，确保其用于生态保护补偿。

二、市场主体

市场主体是海洋保护区生态补偿的重要补偿主体，中央和省级生态补偿的政府机制已初步建立，市场机制仍处于探索阶段。虽然现阶段海洋保护区生态补偿的市场交易机制尚未建立起来，但是根据"谁受益谁补偿"的原则，由于海洋保护区的建设而获得经济利益的市场主体应当支付生态补偿费或用以补偿其他受损主体。

生态补偿的市场主体一般来说包括海洋保护区内以及周边依托保护区建设从事营利活动的开发企业、相关旅游公司等社会经济组织以及有关消费者等。我国的立法鼓励通过市场机制促进生态补偿，鼓励市场主体通过市场交易机制进行生态补偿，并在流域生态补偿中得到运用。但是通过市场机制进行生态补偿是基于自愿协商的行为。目前，向海洋开发利用者征收生态补偿费还存在一定的争议，遭到合法性质疑，因此，市场主体应当更多地通过市场机制进行生态补偿。

（1）海洋保护区相关的开发企业、旅游公司属于核心利益相关者。这一部分主体充分利用了海洋保护区的生态资源，从事开发利用活动获得了经济利益，应当作为补偿主体通过协议、海域使用金或税收等方式向政府部门支付生态补偿费用，用以支付补偿对象的损失。

（2）海洋保护区相关消费者属于次一级的利益相关者。由于海洋保护区的旅游业发展或其他开发利用活动，必然产生一批消费者，消费海洋保护区的生态环境资源，享受生态服务。作为保护区生态效益的受益者，其应当通过自身消费的物品或服务支付一定的生态补偿费，承担自己的生态补偿责任。普通消费者不可能直接将这部分费用补偿给补偿对象或交付给政府，应当通过其所消费的物品或服务，将这一部分费用由开发利用企业或旅游公司直接向补偿对象或政府补偿支付。

三、社会化主体

海洋保护区生态补偿的社会化主体主要是指通过社会捐赠和国际援助等方式对自然保护区进行生态补偿的非政府组织（NGOs）、专家学者、社会公众、国际机构和外国政府等。《中华人民共和国自然保护区条例》规定"自然保护区管理机构或者其行政主管部门可以接受国内外组织和个人的捐赠，用于自然保护区的建设和管理"。《海洋特别保护区管理办法》也规定"国家鼓励单位和个人在自愿的前提下，捐资或者以其他形式参与海洋特别保护区建设与管理"。越来越多的个人、企业和国际机构参与到生态补偿的过程中来，拓展了生态补偿资金来源，成为政府和市场为主导的生态补偿之外的第三种补偿途径。

社会化主体作为海洋保护区的补偿主体不具有强制性，社会化主体参与到生态补偿中属于公益性质的自愿行为，社会化主体的生态补偿行为代表了社会上一部分从保护区建设中获得生态效益的受益个人或组织的行为，其行为对社会的影响较大，是实际存在的利益相关者。

第三节　海洋保护区生态补偿对象

补偿对象是与补偿主体相对的概念，海洋保护区生态补偿对象是指因为海洋保护区的建设丧失发展机会而利益遭受损失或作出额外贡献的个人或组织。这一部分主体因为保护区建设其利用海洋资源与环境的权利受到限制，为了社会的生态效益而作出牺牲或为保护海洋保护区生态环境作出贡献，在经济上遭受直接或间接损失，为了平衡不同社会主体之间的利益，实现社会公平，应当由获益的群体补偿遭受损失的另一部分主体。

海洋保护区生态补偿的补偿对象一般来说主要包括：地方政府、保护区管理部门、社区内居民商户、原有的渔业捕捞者和养殖户等。

一、地方政府

地方政府是海洋保护区所在行政区域的国家机关，与地方经济发展、税收收入等息息相关。按照《中华人民共和国自然保护区条例》《海洋自然保护区管理办法》《海洋特别保护区管理办法》的规定，在核心区区域内实行严格保护制度，在其他重要区域实行限制保护，限制活动类型，开展的活动不得对保护区内保护对象和生态环境造成破坏。海洋保护区的建设无疑限制了当地政府对自然资源的开发与利用，一方面导致财政收入的减少，另一方面增加了地方政府的保护义务，如果不对其进行补偿就会造成权利和义务的不对等，如此不利于地方政府保护海洋环境资源的积极性，因此当地政府是保护区生态补偿的主要补偿对象。

二、海洋保护区管理部门

海洋保护区的建设和维护需要大量的资金和人力成本。保护区在建设的过程中需要购置设备，进行基础设施和相关的管理系统的建设；运行过程中需要耗费的维护成本和聘用工作人员的费用等。因此海洋保护区管理部门为海洋生态环境的保护作出了重大贡献，应当对其进行补偿，是核心利益相关者。

三、社区内一般居民

任何公民都有利用自然资源以获得自身发展的权利，当地社区内居民对当地自然资源的利用是一项传统权利，也是公民实现其生存权和发展权的保障。那些传统上一直依赖自然保护区自然资源生活的居民由于海洋保护区的建设必然导致其利用海洋资源的权利受到限制。

社区内居民因海洋保护区建设而改变原有的生产生活方式，如养殖、捕捞等，比传统生产方式获得的收入下降，或者与保护区之外相似地区的居民相比，收入下降，属于受损害的一方。因此当地社区内的居民应当得到相应的补偿，是海洋保护区核心补偿对象。不过由于保护区类型的不同，受限制程度有所区别，因此不同保护区类型对当地居民收入水平的影响程度不同，补偿程度也应当有所不同。做好海洋保护区内的居民补偿工作对于调动民众参与保护区建设的积极性有重要作用。

四、原有渔业捕捞者和养殖户

在海洋保护区建设之前，在该海域从事渔业捕捞和水产养殖的从业者是受保护区建设影响最直接的主体，根据海洋自然保护区和海洋特别保护区的不同管理要求，在不同类型的海洋保护区内对渔业生产活动限制程度不同，但是都会对原有的渔业活动产生影响，要么不能在该海域进行渔业活动，要么限制渔业活动，或者要求转变渔业生产方式，发展生态渔业。这一部分主体比一般的当地居民受到的影响更大，是生态补偿的重点对象。

五、受影响的企业

由于海洋保护区的建设，海洋保护区周边原有的企业可能因为对保护区的海水水质、空气质量的污染对保护对象产生一定影响而需要搬迁、改进生产工艺、购买更为先进的环保设备等，因此支出额外的费用或造成直接经济损失，以及在搬迁、设备更新期间产生损失等，应当被给予合理的经济补偿。

六、不同类型海洋保护区的主要利益相关者分析

关于补偿主体，海洋自然保护区和海洋特别保护区建设的受益者基本一致，主要为上述的国家、相关市场主体以及社会公众。

关于补偿对象，前文所列补偿对象是所有海洋保护区可能涉及的利益相关者，但是由于海洋保护区分为海洋自然保护区和海洋特别保护区（表10-1），在不同类型的保护区内保护对象和保护程度也有所不同，其涉及的利益相关者及受影响的程度也有所区别，因此可以根据海洋保护区的分类确定不同保护区的利益相关者（表10-2）。

表10-1 海洋自然保护区与海洋特别保护区管理措施对比

	分区管理制度	区别
海洋自然保护区	《海洋自然保护区管理办法》：核心区内，除经沿海省、自治区、直辖市海洋管理部门批准进行的调查观测和科学研究活动外，禁止其他一切可能对保护区造成危害或不良影响的活动。《中华人民共和国自然保护区管理条例》：核心区，禁止任何单位和个人进入；除依照本条例第二十七条的规定经批准外，也不允许进入从事科学研究活动	核心区和缓冲区内除科学研究活动，禁止任何单位和个人进入，禁止一切可能产生不良影响的活动。对周边影响程度大，利益相关者众多
	《海洋自然保护区管理办法》：缓冲区内，在保护对象不遭人为破坏和污染前提下，经该保护区管理机构批准，可在限定时间和范围内适当进行渔业生产、旅游观光、科学研究、教学实习等活动。《中华人民共和国自然保护区管理条例》：核心区外围可以划定一定面积的缓冲区，只准进入从事科学研究观测活动	
	《海洋自然保护区管理办法》：实验区内，在该保护区管理机构统一规划和指导下，可有计划地进行适度开发活动。《中华人民共和国自然保护区管理条例》缓冲区外围划为实验区，可以进入从事科学试验、教学实习、参观考察、旅游以及驯化、繁殖珍稀、濒危野生动植物等活动	

	分区管理制度	区别
海洋特别保护区	在重点保护区内，实行严格的保护制度，禁止实施各种与保护无关的工程建设活动	重点保护区禁止的是与保护无关的工程建设活动；适度利用区可进行资源利用活动；预留区禁止改变自然生态条件的任何工程建设活动。对周边影响程度小，利益相关者范围小
	在适度利用区内，在确保海洋生态系统安全的前提下，允许适度利用海洋资源。鼓励实施与保护区保护目标相一致的生态型资源利用活动，发展生态旅游、生态养殖等海洋生态产业	
	在生态与资源恢复区内，根据科学研究结果，可以采取适当的人工生态整治与修复措施，恢复海洋生态、资源与关键生境	
	在预留区内，严格控制人为干扰，禁止实施改变区内自然生态条件的生产活动和任何形式的工程建设活动	

1）海洋自然保护区生态补偿对象

海洋自然保护区以典型海洋生态系统、海洋生物物种、海洋自然遗迹和海洋非生物资源为主要保护对象。这类海洋自然保护的核心区和缓冲区实行严格保护，除经批准的科学考察外，禁止任何单位和个人进入从事开发利用活动，仅在实验区内从事一定的旅游开发、观光活动。在海洋自然保护区内禁止下列活动和行为：擅自移动、搬迁或破坏界碑、标志物及保护设施；非法捕捞、采集海洋生物；非法采石、挖沙、开采矿藏；其他任何有损保护对象及自然环境和资源的行为。海洋自然保护区的建设对周边原有的社会主体影响较大，因此补偿对象范围较广，主要包括了当地政府、保护区管理部门、当地居民、渔业养殖者、捕捞者和可能受到限制的企业。

2）海洋特别保护区生态补偿对象

《海洋特别保护管理办法》规定海洋特别保护区以特殊地理条件、生态系统、生物与非生物资源及海洋开发利用特殊要求，需要采取有效的保护措施和科学的开发方式进行特殊管理的区域为保护对象。本管理办法第三十二条规定"海洋特别保护区生态保护、恢复及资源利用活动应当符合其功能区管理要求。在重点保护区内，实行严格的保护制度，禁止实施各种与保护无关的工程建设活动。在适度利用区内，在确保海洋生态系统安全的前提下，允许适度利用海洋资源。鼓励实施与保护区保护目标相一致的生态型资源利用活动，发展生态旅游、生态养殖等海洋生态产业。在生态与资源恢复区内，根据科学研究结果，可以采取适当的人工生态整治与修复措施，恢复海洋生态、资源与关键生境。在预留区内，严格控制人为干扰，禁止实施改变区内自然生态条件的生产活动和任何形式的工程建设活动。"禁止在海洋特别保护区内进行下列活动：狩猎、采拾鸟卵；砍伐红树林、采挖珊瑚和破坏珊瑚礁；炸鱼、毒鱼、电鱼；直接向海域排放污染物；擅自采集、加工、销售野生动植物及矿物质制品；移动、污损和破坏海洋特别保护区设施。由此可见，海洋特别保护区的保护力度小于海洋自然保护区，除了在重点保护区内禁止实施各种与保护无关的工程建设活动外，并未禁止或限制渔业从业者对海洋自然资源的合理利用，也可以在适度利用区适度利用海洋资源。因此海洋特别保护区的补偿对象范围相对较少，对周围的渔业从业者的正常渔业生产活动基本不产生影响，相反，由于生态旅游、生态养殖的发展可能获得一定的收益。由于《海洋特别保护区管理办法》限制的是禁止实施各种与保护无关的工程建设活动，并未对周边正常生产经营的原有企业产生限制，因此周边企业也不作为补偿对象。经过分析后认为，海洋特别保护区的主要补偿对象为当地政府和海洋特别保护区管理部门。由于海洋保护区内禁止或限制建设实施与保护无关的工程建设活动，政府税收收入受到一定的影响，应当予以补偿；海洋特别保护区管理部门在保护海洋生态环境中作出了贡献，保护区建设和运行维护支出的费用应当予以补偿。

表 10-2　不同保护区利益相关者分类表

	海洋自然保护区	海洋特别保护区
补偿主体	国家、社会主体、市场主体	国家、社会主体、市场主体
补偿对象	当地政府、保护区管理部门、当地居民、渔业养殖者、捕捞者和可能受限制的企业	当地政府、保护区管理部门

第四节　海洋保护区生态补偿范围

在明确了海洋保护区利益相关者之后，应当明确如何在这些利益相关者之间实现利益的平衡，这就涉及补偿范围的问题，即对哪些主体的何种利益进行补偿和平衡。笔者认为，海洋保护区生态补偿的范围应当包括：①为海洋保护区建设和管理作出贡献者的成本补偿；②当地居民、养殖户和捕捞者等主体丧失发展机会造成的经济损失；③当地政府因保护区建设导致财政收入减少的损失。

一、海洋保护区建设和维护运营成本

海洋保护区的建设和维护为海洋生态环境的保护作出了贡献，海洋保护区管理部门为海洋生态环境保护的贡献者，应当对这一主体为保护生态环境所支出的成本纳入生态补偿的范围。

海洋保护区的建设包括基础设施建设，购置管护设施、人员办公设备和条件、科研和检测设备等。这一部分可以按照保护区建设投资概算进行补偿，实际建设成本明显高于预期成本的应当进行资金的二次补充。

海洋保护区建成后，需要聘请工作人员进行管理，工作人员的工资福利、设施的运行维护费用、保护区病虫害防治费用、为保护区管理所做科研的经费等在保护区运行过程中所产生的所有合理费用都应当属于生态补偿范围内。这一部分补偿资金可以依照投资预算中的运行维护成本，如果没有这一部分预算可以按照目前全国同类海洋保护区单位面积的平均管理投入和海洋保护区的面积计算海洋保护区管理补偿资金。

二、当地居民、企业、渔业从业者丧失发展机会的经济损失

由于海洋保护区的建设，当地居民、企业和在该保护区内的渔业生产者不得已部分或全部地放弃了利用该海洋资源的机会，转而利用其他资源从事生产经营，由于放弃对该资源的利用产生了经济上的损失，作出了额外的牺牲，这一部分经济损失应当纳入补偿范围。

海洋保护区外迁居民的生态补偿，可以参照我国征地补偿制度，并根据实际测算结果进行适当调整。既考虑外迁居民的物质损失及保护区建立后牺牲的发展权利，保障外迁后的生活水平，也考虑生态补偿支付主体的实际支付能力。参照征地标准进行生态补偿操作性强，外迁居民的宅基地、房屋、农用地都可以直接参照征地标准测算。在实施过程中，应注意两者区别，考虑生态价值、额外保护成本、牺牲的发展机会成本等因素，为外迁居民配套相关补偿措施。

由于保护区建设原有的一部分企业可能需要搬离，在企业停产搬迁至新的场所开始营业期间产生的经济损失应当予以补偿。补偿的范围包括以下几个方面：房屋补偿、设施补偿、机器设备补偿、流动资产补偿、停产损失补偿等，对这一部分的补偿金额需要进行综合评估并结合实际补偿能力确定。

对在该区域内从事渔业生产经营的水产养殖户、捕捞者被禁止或限制继续进行渔业活动的经济损失进行补偿，应该结合该保护区面积内的渔业生产产出量、市场价格，结合往年的收入水平进行适度补偿。补偿年限不宜过长，随着原有渔业生产者的就业安置情况逐步降低补偿标准。

三、当地政府的财政收入减少的损失

海洋保护区的建立必定会限制政府的一些生产生活方面的活动，对地区的财政收入和发展造成一定的损失，因此应当根据往年的财政收入水平和增长速度来确定，或与周边类似经济发展水平地区的财政收入对比确定补偿的金额。

第五节　保护区生态补偿利益相关者博弈分析

一、海洋保护区生态补偿风险分析

1. 生态风险：可持续发展的挑战

对特定的海洋生态系统、海洋生物物种、海洋自然遗迹等通过建立海洋保护区的方式进行保护是维护国家生态安全的重要方面，如果生态安全问题不解决，不仅造成当代巨大的生命、财产损失，社会安定无法保证，还会造成生态问题的代际转嫁，给子孙后代带来不可逆的深重灾难，可持续发展便无从谈起。我国人口多，人均生态资源较少且生态破坏严重，面临严重的生态风险。生态补偿的最终目的是保护生态环境，减少生态风险的发生，但是如果生态补偿制度不合理，不能实现预期的目标，则引起社会公众的不满，起到反向作用，将会引起生态风险的发生。在这种情况下建立科学的保护区生态补偿法律制度及补偿标准，可以鼓励社会进行环境保护，主动参与到保护区的建设和维护中来，以生态补偿促进生态维护与建设是防范生态风险发生的必然。

2. 社会风险：补偿的公平处理

对海洋保护区进行生态补偿存在一定的社会风险。由于当地居民、企业等主体对不同海洋保护区内的自然资源利用和依赖程度不同,保护区的建设对每个家庭的影响程度等都存在一定的差异,对保护区的利益相关者进行生态补偿,必然涉及社会公平问题。如果没有一个科学合理的生态补偿标准,必然引起社会主体对公平性的质疑,生态利益失衡,滋生不满情绪,进而可能发生社会群体事件,影响社会安定,因此对保护区内利益相关进行生态补偿存在一定的社会风险。海洋保护区生态补偿标准就要讲究科学性、合理性、实用性和公平性,尽可能地实现社会公平,避免社会风险的发生。

3. 经济风险:制约经济的发展

过去的几十年间,某些地方为了发展经济,追求经济的高速增长,长期忽视海洋环境的保护,以环境污染和生态破坏作为牺牲品换取经济的快速发展。海洋保护区的设立和对海洋保护区进行生态补偿很大程度上反映了我国从单纯追求 GDP 的增长到注重海洋生态环境保护理念的转变。随着环境保护意识的加强,国家更加注重环境保护,一方面有利于海洋环境的改善,另一方面也存在一定的经济风险。进行环境保护,必然要限制一定的经济活动,在短期内一定程度上会限制经济的发展,对当地经济发展、人民收入增长和生活水平的提高产生不利影响,海洋保护区生态补偿机制的确立可以一定程度上减小此类经济风险的发生。

二、环境效益分析

海洋保护区生态补偿标准的制定目的是在减少和避免以上风险的前提下,提高环境正效益。通过科学、合理、公平的保护区生态补偿标准,一方面可以减轻保护区建设可能带来的经济风险,使利益相关者得到经济上的补偿,保护区周边的民众在经济上得到了补偿,生活维持在一定的水平之上就会减小为了生存而破坏海洋环境的程度,这种环境效益是隐性的。另一方面通过公平的补偿机制防范社会风险,社会公众对补偿感到满意的情况下就会受到激励,主动投身到生态环境的保护中,避免生态风险的发生,这种环境效益是显而易见的。

三、相关利益者之间的博弈行为分析

"博弈论"又称"对策论",是一种分析方法。博弈的基本概念包括:参与人、行动、信息、战略、支付函数、结果和均衡。参与人是博弈中选择自己利益最大化的决策主体；行动是参与人的行动变量；信息是参与人在博弈中的知识，特别是其他对手、参与人特征和知识的变量；战略是参与人选择行动的变量；支付函数是博弈中获得的效益水平，是每个人真正关心的东西；结果是博弈分析者感兴趣的要素的集合；均衡是所有参与人的最优战略或行动的组合。

博弈论是在多决策主体之间行为具有相互作用时，各主体根据所掌握信息及对自身能力的认知，做出有利于自己的决策的一种行为[231]。在市场经济条件下，各参与主体根据市场需求做出对自身有利的选择。市场经济强调依靠"看不见的手"来实现资源的最优配置，传统经济学认为通过市场机制总会把个人利己行为的最大化变成集体、社会利益的最大化，而博弈论中的"囚徒困境"却揭示了这种论断的矛盾，即个人理性并不总能带来集体理性。同样的，从个体利益出发的行为也并不总是能实现个人利益的最大化，而有可能出现相反的结果。作为公共资源的流域生态环境，由于其自身的外部性，其经济价值并没有在市场交换中体现出来。各参与主体为了获得利润，会倾向无限制地开发利用资源，而在这一过程中，生态环境无法通过价格、竞争机制来实现其最优配置，因此需要政府动用行政权力来影响各补偿主体的行为，使其能在补偿合作中作出理性的利益选择，从而实现帕累托最优[232]。

在生态补偿中，博弈双方为生态资源的保护者和生态资源的受益者，按照"经济人"理论理解参与博弈的双方通常会朝着自身利益最大化的方向做出选择。在双方没有合作和信任的背景下，往往最后的结果就是双方实现了个体理性的纳什均衡，却无法实现个人利益的最大化，同时也无法实现社会利益的最大化。为了改变这种不合理的均衡，政府需要通过政策的干预使得个人理性与社会理性相平衡，从而形成新的纳什均衡。

在海洋保护区生态补偿中，中央政府的目标是经济发展和环境保护之间需求最佳组合点，国民获得最大利益。然而，无论是在海洋保护区生态补偿的政策制定过程中还是保护区生态补偿项目的实施中，都存在着开发利用者及其他受益者、管理者、保护者、受损者等各个利益主体之间相互影响和博弈的过程，生态补偿主体的构建也即利益相关者之间进行相互影响和博弈的过程。作为补偿主体的一方补给作为补偿对象的另一方多少利益才能使得双方满意，是一个利益行为博弈的过程，对利益相关者进行利益博弈分析是为了寻找共同利益，找准解决问题的突破点，有效化解矛盾。

1. 中央政府与地方政府之间的博弈分析

国家加大对生态保护地区的财政转移支付力度，国家是生态补偿的主体，中央政府作为国家的代表，是海洋保护区生态补偿资金的支付方，海洋行政主管部门是海洋保护区生态补偿的主要职能部门，因此，在这一关系中，海洋行政主管部门是中央政府代表。在目前分税制的体系下，地方政府是相对独立的利益主体，省级政府、地市级政府、县级政府是海洋保护区生态补偿资金安排、使用、管理的实际执行部门。在中央政府的激励不足或保护区生态补偿成本较高的情况下，地方政府有可能采取机会主义行动，使中央政府的目标大打折扣。因此，中央政府职能部门与省级政府之间存在博弈行为、省级政府与地级市以下政府之间也存在博弈分析，这种博弈是一次或有限次的博弈过程。

中央职能部门与省级政府之间的博弈行为相对简单。省级政府主要通过其基础性工作，得到国家职能部门的认可，双方达成共识时，博弈结束。

省级政府与地级市以下政府的博弈行为相对复杂，由于省级政府与地方政府之间存在地位上的不平等，上级政府与下级政府之间是"领导"与"被领导"的关系，省级政府具有明显的强制性，这种强制性使地级市以下政府处于博弈的不利地位，博弈空间受到限制。地方政府之间的利益博弈一般通过有限次的博弈过程实现，出于成本考虑，一般不应超过三次博弈。第一次下级政府与上级政府提出各自的利益需求进行信息对换，双方一致博弈结束，如果各自利益需要无法协商实现，进行第二次博弈（讨价还价的过程），如果第二次博弈不能结束，第三次博弈上级政府的决定应当具有强制性，下级政府必须接受。

在这一博弈过程中，中央政府的支付函数应当为 $M+N-V$（M 为海洋保护区建设支付给地方政府以外的补偿对象的补偿，N 为海洋保护区所在地政府因为保护区建设导致财政收入减少的损失，V 为当地政府因保护区获得的生态价值）。

2. 地方政府与单个补偿对象的博弈分析

海洋保护区所在地的地方政府与单个补偿对象（本部分所指补偿对象主要包括当地居民、渔民、受损企业）之间的博弈分析是海洋保护区生态补偿利益相关者博弈分析的重点。假设当地政府与当地居民、渔民、受损企业之间是完全平等的理性人，都期待以最小的成本获得最大的收益，实质是双方在成本和收益上的博弈。单个补偿对象（当地居民、渔民、受损企业）与当地政府的博弈支付矩阵如表 10-3 所示。

表10-3　单个补偿对象与当地政府之间博弈支付矩阵

	补偿情形下		不补偿情形下	
存在海洋保护区	地方政府（S1）	补偿对象（S2）	地方政府（S1）	补偿对象（S2）
	$V-A$	$A+PI$	$V+A$	$-C+PI$
不存在海洋保护区	地方政府（S1）	补偿对象（S2）	地方政府（S1）	补偿对象（S2）
	$-V-F+A$	C	$-V-F+A$	C

注：S1. 政府在不同情形下的支付函数；S2. 单个补偿对象在不同情形下的支付函数；A. 补偿对象因保护区建设获得的补偿；V. 政府因保护区获得的生态价值；C. 不建设海洋保护区时补偿对象因该海域获得的产值；F. 不建设海洋保护区时政府支付的治理环境恶化和保护环境的费用；P. 保护区建设后单个补偿对象获得其他发展机会的概率；I. 保护区建设后单个补偿对象获得其他发展机会的收入。

在该博弈支付矩阵中，在建立海洋保护区，并且政府进行补偿的情况下，政府对补偿对象的支付函数可以表示为 $V-A$；建设海洋保护区但不进行补偿时，政府对补偿对象的支付函数可以表示为 $V+A$；不建设海洋保护区，政府无论是否补偿，政府的支付函数为 $-V-F+A$。

在建立海洋保护区的情况下，并且政府进行补偿时，单个补偿对象的支付函数可以表示为 $A+PI$，原则上应当大于 C；建设海洋保护区但不进行补偿时，单个补偿对象的支付函数可以表示为 $-C+PI$；不建设海洋保护区，政府无论是否补偿，原有的当地居民、企业、渔业从业者的支付函数都为 C。

3. 保护区管理部门与当地政府的博弈分析

海洋保护区管理部门在海洋保护区的建设和运营中都具有重大影响力，是生态补偿的重要利益相关者。保护区管理部门与当地政府之间的博弈分析是海洋保护区生态补偿利益相关者博弈分析的又一重点。海洋保护区管理部门与当地政府的博弈支付矩阵如表10-4所示。

表 10-4 当地政府与保护区管理部门的博弈支付矩阵

	补偿情形下		不补偿情形下	
存在海洋保护区	地方政府（S1）	保护区管理部门（S3）	地方政府（S1）	保护区管理部门（S3）
	$V-A$	$A+U$	$V+A$	U
不存在海洋保护区	地方政府（S1）	保护区管理部门（S3）	地方政府（S1）	保护区管理部门（S3）
	$-V-F+A$	—	$-V-F+A$	—

注：S1. 政府在不同情形下的支付函数；S3. 海洋保护区管理部门在不同情形下的支付函数；A. 补偿对象因保护区建设获得的补偿；V. 政府因保护区获得的生态价值；F. 不建设海洋保护区时政府支付的治理环境恶化和保护环境的费用；U. 保护区管理部门在经营过程中获得的收入。

在该博弈支付矩阵中，在建立海洋保护区的情况下，政府对补偿对象进行补偿时，政府对补偿对象的支付函数仍然表示为 $V-A$；建设海洋保护区但不进行补偿时，政府对补偿对象的支付函数仍然表示为 $V+A$；不建设海洋保护区，政府无论是否补偿，政府的支付函数为 $-V-F+A$。

在建立海洋保护区的情况下，并且政府进行补偿时，海洋保护区管理部门（S3）的支付函数可以表示为 $A+U$，原则上应当不低于保护区建设、维护等所支付的各种成本；建设海洋保护区但不进行补偿时，海洋保护区管理部门的支付函数可以表示为 U；不建设海洋保护区时，保护区管理部门不存在。

目前的情况下，保护区管理部门一方面作为海洋保护区的管理者，同时又从事一定的营利活动获得一定的收入 U，具有双重角色，存在腐败的空间，不利于保护区的保护与管理。因此，长远来看，保护区管理部门不应当直接从事开发利用类活动进行营利，因此这一部分收入 U 实际上应该不存在，在不存在收入 U 的情况下，应当增加补偿 A，使其不低于保护区建设、维护等所支付的各种成本。

4. 市场交易机制下的利益相关者博弈分析

上述三点进行博弈分析的前提是在政府主导的海洋保护区生态补偿中，我国法律法规鼓励通过市场交易机制进行生态补偿，尽管当前我国海洋保护区生态补偿的市场交易机制尚未建立起来，但是不能否认将来不存在。在市场交易机制下进行生态补偿，更多地应当遵循市场交易的自由原则，利益相关者之间的博弈建立在双方自愿协商的基础上，其利益相关者通过市场的交易机制、在不违背市场交易法则的前提下进行讨价还价，以双方的支付意愿、支付能力和接受意愿为主进行博弈。

四、利益相关者案例分析——东山湾珊瑚礁自然保护区

东山湾珊瑚礁自然保护区以珊瑚礁作为保护对象，属于省级海洋自然保护区，由于目前没有专门的保护区管理机构，成立的保护区管委会人员仍然属于东山县海洋局，且湾内主要的经济活动为海水养殖，基本没有捕捞，基本没有形成依托珊瑚礁保护区的旅游业。因此其涉及的利益相关者主要为中央政府、东山县政府、东山县沿海养殖者和房地产开发商。①东山县政府为了保护东山湾内的珊瑚礁、控制湾内的海水养殖和周边污染企业发展一定程度上减少的财政收入损失 A，用于保护区建设和维护的成本为 $A2$，同时获得了珊瑚礁保护区的生态价值 V，因此其应当接受的补偿为 $S1=A+A2-V$（当 $A+A2-V<0$ 时，此时当地政府为受益者，应当由其对其他补偿主体进行补偿，如果 $A+A2-V>0$，应当由中央政府予以补偿）。②东山县沿海养殖户作为补偿对象，其应当接受国家的补偿，假设其不能从事海水养殖的经济损失为 A，其在保护区建设后获得其他发展机会的概率为 P，保护区建设后其获得其他发展机会的收入 I，其获得的生态价值为 $V1$，则养殖户接受的补偿应当为 $S2=|PI+V1-A|$。③房地产开发企业因为保护区的建设和海洋环境改善，如其房地产的价值上升，是潜在的获益者，其应当为补偿主体，假设因为保护区建设相较于同等条件下的房产带来的额外增加值为 R，这部分额外增加值所缴纳的税额为 S，则其支付的补偿金数额应当为 $S3=R-S$。④中央政府作为公众的代表是环境效益获益者，应当作为补偿主体支付一定的补偿金，其补偿金额应当为 $|S3-S1-S2|$。

五、海洋保护区利益相关者博弈方法分析

海洋保护区生态补偿是一个各方博弈的结果，在博弈的基础上利益相关者得到相对满意的结果。单纯按照生态系统服务价值计算出的结果一般金额过高，财政负担过重，不能完全被国家采用。对于补偿对象一般情况下希望补偿数额尽可能多，作为补偿主体的企业也会尽可能地希望支付的生态补偿金金额少，补偿主体补给补偿对象多少生态补偿金为宜，是一个各方利益主体协商的过程。在这一过程主要用到的博弈方法有如下几种：

1）意愿调查法

意愿调查法作为研究方法最早是 1947 年由哈佛大学经济学院的博士生 Criacy-wantru 在其博士论文中提出的，是一种通过问卷调查方式引导被调查者偏好，进而实现非市场物品价值评估的特殊方法。它是通过对一系列假设问题的回答，被调查者表达出他们不再拥有或完全使用某一非市场物品的最低接受补偿价格，根据被调查者在假设市场中表达出的首场价格，在此基础上建立数学模型，达到为非市场物品估价的目的。意愿调查法把经济学理论和经济计量学、现代统计分析工具有机地结合在一起，顺应了当代经济学的发展潮流[233]，同时充分尊重了受偿主体的个人意愿和其进行讨价还价的权利。保护区生态补偿标准确定的过程中，可以对涉及的利益相关者首先进行意愿调查，在充分尊重个人意愿的情况下获得被调查者的首场价格，进而在此基础上进行估算和讨价还价。

2）座谈法

以座谈会的方式与代表性对象进行沟通是至今为止定性研究方法中广泛使用的一种形式。座谈会通常由 8~10 名具有相同背景的采访对象所组成。这些采访对象围坐在一起，由经过训练的主持人，按照事先拟定好的座谈会大纲用大约 1~2 h 的时间对采访对象进行诱导、启发，获得对某一主题的详细认识的方法。在海洋保护区生态补偿中，补偿对象和补偿主体通过座谈能够互相激励、互相启发，所以更能够全面了解双方的补偿意愿和受偿意愿。

3）征求意见

通过向涉及的利益相关者、管理部门、社会主体、社会组织等征求意见的方法，确定各方利益主体对生态补偿标准的观点和主张，全面了解利益相关者对生态补偿的主张，在征求意见的基础上选择大多数人可以接受的补偿方法和接受程度，进而制定具体的补偿标准，再反馈给利益相关者进一步征求意见，通过征求意见的方式实现纳什均衡。

4）协商法

协商是在双方不能直接达成合意的情况下使用的方法，在市场机制下，没有市场一致认可的依据的情况下，多数问题是依靠问题的当事人通过协商的方式达成合意，进而使问题得到解决。流域生态补偿中以及生态补偿的市场交易机制下，多是通过双方主体协商的方式达成补偿意愿，这种情况下是受偿意愿和支付意愿之间的较量，主体间反复讨价还价协商最终达成双方相对满意的结果，实现纳什均衡。

第十一章　海洋保护区生态补偿机制建设

第一节　保护区生态补偿方式

就海洋生态补偿而言，一般补偿方式主要有 4 种。

（1）资金补偿：属于"输血型补偿"，政府或补偿者将筹集起来的补偿资金一次性或定期转移给被补偿方。这种支付方式的优点是被补偿方拥有极大的灵活性，作用明显，达到效果的时间短；缺点是可能出现资金发放不到位，滥用补偿资金等；补偿资金可能转化为消费性支出，不能从机制上帮助受补偿方真正做到"因保护生态资源而富"[234]。

（2）实物补偿：属于"输血型补偿"，补偿者运用物质、劳力和土地等进行补偿，解决受补偿者部分的生产要素和生活要素，改善受补偿者的生活状况，提高生产能力。与资金补偿相比，可以较为有效地防止被挪作他用，切实将补偿落到实处。

（3）政策补偿：属于"造血型补偿"。政策补偿一方面是指上级政府对自然保护区的权利和机会补偿。受补偿者在授权的权限内，利用制定政策的优先权和优惠待遇，制定有利于当地经济发展的政策。另一方面是指上级政府在其他政策为了保护生态而限制发展的情况下，做出的适当政策放宽，确保区域整体发展。

对地方进行政策扶持，运用"项目支持"的形式，将补偿资金转化为技术项目安排到被补偿方（地区），帮助生态保护区群众建立替代产业，或者对无污染的产业马上给予补助以发展生态经济产业，补偿的目标是增加落后地区发展能力，形成造血机能与自我发展机制，使外部补偿转化为自我积累能力和自我发展能力。国家可出资建设当地的海洋生态经济产业基地，以增加其保护区的利用效率，进而提高其经济产值，或完善当地的基础设施建设，以增强其招商引资的基础条件，同时可以减免相关税费，提供无息贷款等。政策补偿是一种行之有效的补偿方式，尤其在经济薄弱、资金短缺的情况下显得更加重要。作为保护环境的主导者，上级政府适当下放权力，为补偿客体地区提供政策补偿，使其能够快速促进环境保护与发展，为筹集所需要的人力、物力提供方便[235,236]。

（4）技术补偿：指补偿主体开展智力服务，提供无偿技术咨询和指导，对当地居民进行生产培训，提高受补偿居民的生产技能；对保护区工作人员进行技术及管理上的培训，并向其输送各类专业人才，提高保护区的技术含量和管理组织水平。这类补偿在经济落后地区尤为重要和明显，在某些情况下，对受补偿地区进行技术补偿比给予经济补偿更能促进补偿区的经济发展和生态环境的保护[237]。通过对地方保护区的调研发现，在目前保护区的建设和管理中非常需要一批高素质的人才，技术补偿对保护区的可持续发展有十分重要的意义。

海洋保护区生态补偿方式的选择应根据当地的经济发达程度，居民的受教育程度、需求等进行选择，因地制宜。对不同的补偿对象可以采用不同的补偿方式，对同一对象也可以运用多种方式进行补偿。对于区域性补偿对象，可以侧重政策补偿或资金补偿，对于生产生活环境受到直接影响的经济体，可以侧重资金补偿或实物补偿；对于经济相对发达地区的补偿对象，可以侧重政策补偿或技术补偿；对于经济相对落后地区的补偿对象，其获取收入的途径很少，人口素质不高且思想较封闭，很难倾向其他的技术或者培训等补偿形式的政策补偿，可以侧重资金补偿、实物补偿[238]。

在实践中，通过调研和走访海洋保护区管理部门以及保护区周边的居民、企业等利益相关者后发现，保护区管理部门的管理难点在于建立保护区后影响周围养殖户和捕捞者的生计，造成管理上的困难，重点就是要解决周边民众的替代生计问题。周边民众最关注的是保护区建立后其生产生活方式的转变问题（替代生计），短期内侧重于资金补偿，可以缓解民众一时的经济困境和安抚民众的情绪，长远来看，采用政策补偿和技术补偿相结合，可以在增加就业机会、转变生产方式、提高民众的生活水平等方面予以大力支持。给民众"造血"所带来的效应远远胜过资金补偿的效应，是保护区生态补偿的长远策略。一方面加快当地小城镇建设，吸纳因生产生活方式的转变而分解出来的剩余劳动力。另一方面加快基础设施建设，开发新兴产业，培育龙头企业，发展教育，提高居民的整体文化素质，积极地对居民进行技术培训，为居民剩余劳动力的快速转移，提供文化保障[239]。

第二节　完善保护区生态补偿的途径

目前我国海洋保护区生态补偿主要以政府为主导，资金来源主要是国家财政转移支付，政府在海洋保护区生态补偿中始终处于主导地位。随着海洋保护区规模的增加，政府财政资金和社会捐助资金严重不足,我国补偿资金短缺问题显得十分严重,无论是国家级自然保护区,还是地方各级自然保护区,生态补偿的资金都严重不足,不利于生态保护区生态补偿工作的开展和调动民众保护海洋环境的积极性。究其原因在于:第一,我国的自然保护区在资金投入方面目前尚未纳入国家财政预算,主要从各级政府的行政费用中开支,缺乏稳定的资金投入;第二,经费投入的增加远远跟不上保护区建立的速度;第三,资金的使用效率不高,主要表现在基础设施建设优先于保护区管理。因此,如何通过法律制度的设计筹集到足够的补偿资金,是当前我国自然保护区生态补偿工作必须大力解决的根本问题。因此应当拓展生态补偿的途径,实现政府补偿、市场补偿、社会补偿三种途径的有机结合。

目前《中华人民共和国环境保护法》要求建立健全生态补偿制度,确立了以政府财政转移支付为主,并与鼓励市场交易相结合的生态补偿方式。《中华人民共和国自然保护区条例》第六条和第二十三条分别确立的自然保护区生态补偿的社会补偿和政府补偿方式,生态补偿资金原则上由政府资金补助,但是同时允许接受社会捐助资金用于保护区建设和管理。《海洋特别保护区管理办法》第八条、第二十四条和第二十九条分别规定了海洋特别保护区政府补偿、市场补偿和社会补偿三种补偿方式,与《中华人民共和国自然保护区条例》相比增加了市场主体的补偿。

政府为主导的财政转移支付是海洋保护区主要的生态补偿资金来源,目前主要用于海洋保护区的建设和管理,基本未将保护区内居民的经济损失纳入生态补偿资金的范围。目前政府财政转移支付力度不足,难以满足保护区生态补偿的需要,因此应当拓展生态补偿的资金来源渠道。

市场为主导的生态补偿目前尚未形成完整的市场交易机制,但它是我国生态补偿的发展方向,是《中华人民共和国环境保护法》鼓励的发展的机制。市场为主导的生态补偿是指市场主体之间主要通过市场交易规则进行买卖,例如目前的碳排放交易即为生态补偿的一种市场交易方式,其交易的是二氧化碳排放量,并非生态补偿的全部标的,但为生态补偿的市场交易体制提供了一定的经验借鉴。在海洋保护区内开展生态补偿的市场交易能够促使海洋保护区内的开发利用者承担起生态补偿的责任。在海洋保护区内,开发利用者对自然资源开发的补偿按开发利用的资源类型可以分为旅游资源开发补偿、生物遗传资源开发补偿、海域资源使用补偿等。开发利用者在进入保护区从事生产经营活动前,政府管理部门应当指导其通过市场交易方式对海洋保护区管理部门、当地居民以及其他利益受损者进行适度的生态补偿,向补偿对象支付一定的生态补偿费用。市场为主导的海洋保护区生态补偿需要企业加强环境保护的责任心，政府需要进行正确的引导，提供生态补偿市场交易的平台。需要建立良好的市场交易机制和秩序，市场交易才能顺利进行，才能实现预期的目标。市场交易机制和秩序的建立和维护离不开政府的间接管理，市场这只"看不见的手"在市场交易的过程中存在一定的缺陷，因此当地政府在海洋生态补偿市场交易中仍然要以"看得见的手"的形式发挥其市场引导和管理的作用。

社会主体的捐赠是海洋保护区生态补偿资金的辅助来源，是引导社会各方参与进来，拓宽资金来源的重要途径。《中华人民共和国自然保护区条例》和《海洋特别保护区管理办法》都提倡和鼓励接受国内外组织和个人的捐赠，用于自然保护区的建设和管理。随着社会的发展，民众的环保意识越来越强烈，越来越多的社会公众、非政府组织、国际机构参与到环境保护中来，成为海洋保护区生态补偿的重要力量。我们应当加强环保宣传教育，鼓励社会各界对生态补偿捐赠和帮助。同时，对于有一定国际影响力的海洋保护区，应当积极申请和寻求国际机构和国外环保组织的资金支持和技术援助，充分发挥社会的力量推动海洋保护区的生态补偿。

第三节　明确生态补偿标准与海洋生态系统服务价值的区别

在以往的研究文献资料中，有部分学者将生态补偿标准等同于生态系统服务价值，这是不科学的。海洋保护区生态系统服务价值是根据保护区内的生态系统能够提供的供给服务、海洋调节服务、海洋文化服务、海洋支持服务等确定的生态系统服务价值，一般来说，以这种方式评估计算出来的金额是巨大的，与国民经济发展财政支付能力存在巨大的差距，可以作为生态补偿金额的上限，但是不能作为生态补偿的标准。海洋保护区生态补偿标准的确定应当结合海洋保护区内居民的机会成本的损失、保护区建设和管理成本、补偿主体的支付意愿和受偿主体的补偿意愿以及社会经济发展的现实状况进行综合衡量，而且依照生态补偿标准得出的补偿金额应当低于生态系统服务价值。这是由于目前依据生态系统服务价值计算得出的数额巨大，一般的政府财政和市场主体难以承受如此高额的生态补偿费用支出。生态补偿标准应与国民经济发展阶段和财政实力息息相关，不能仅做学术上的研究不讲求社会的实际支付能力。

第四节　生态补偿标准的制定及适用主体

海洋保护区生态补偿标准不同于海洋生态服务价值，也不同于保护区建设、维护成本和当地居民的机会成本损失。补偿标准的制定应该综合生态系统服务价值、保护区建设维护成本和当地居民机会成本损失等多方面因素，进行综合权衡和评估，制定简单、便于操作的计算方法和合理的分配方案，公平地分配和平衡利益相关者之间的利益。

补偿标准的计算方式应当简易可行，便于实际操作，是具有实用性的标准。如果大部分人员不能依据补偿标准算出具体的数额，仅有极少数的专业技术人员用专业知识才能得出结果，那么这种标准不具有实际可操作性，不能得到广泛的应用，也就实现不了其基本作用。因此，海洋保护区建设和维护成本的补偿可以依据投资概算或保护区的面积确定，居民的机会成本损失根据其实际发生的经济损失或与周边同等经济条件地区的收入对比得出。总之，补偿标准不可过于复杂，应当坚持简单、实用、科学的原则。

关于保护区生态补偿标准的适用主体问题，笔者认为，一个补偿标准的适用主体应当尽可能地涵盖主要的利益相关者，国家、保护区管理机构、地方政府、市场交易主体都应当成为补偿标准的适用主体。中央政府的财政转移支付是保护区生态补偿资金的主要来源，中央政府有关部门需要依据补偿标准确定转移支付的资金数额，因此，国家是补偿标准适用主体；保护区管理机构是保护区的实际管理者，是重要的利益相关者，保护区生态补偿资金的具体适用和分配离不开保护区管理机构的直接参与，保护区管理机构也应该成为补偿标准的适用主体；地方政府作为地方级保护区的主管部门或者国家级自然保护区的代管部门，既作为保护区的主管部门又作为生态补偿的主体直接参与到生态补偿中来，对于补多少，怎么补也应当有一定的标准依据；保护区生态补偿的市场交易机制在短期内可能无法实现，但是在机制发展完善的过程中，未来可能会涉及市场主体之间的交易，市场交易主体之间也应当依据一定的补偿标准进行协商，因此长远来说，补偿标准的适用主体也应当包括市场交易主体。

第五节　海洋保护区生态补偿资金管理机制

海洋保护区生态补偿资金管理机制包括资金筹集、资金预算、资金分配、资金监督四个方面。

一、资金筹集机制

资金筹集机制首先要明确补偿费的主要来源，目前海洋生态补偿金的来源主要包括海洋工程排污费、倾倒费、海域使用金、海岸与海洋工程建设生态补偿金、海上突发事故生态补偿金，以及国家财政拨款。国外生态补偿的资金来源还包括资源保证金、生态税、基金、捐款等。目前国内应多渠道完善生态补偿金的筹集机制，尤其是通过征收海洋生态补偿费的方式拓宽资金来源。但是海洋生态补偿费用的征收面临的海洋生态补偿标准问题是目前急需解决的问题，并且目前部分海洋生态补偿费的征收还缺乏法律层面的支持，因此要征收海洋生态补偿费首先要制定完善的海洋生态补偿法律法规。海洋生态补偿标准的制定需要各专业、领域的复合知识以及多部门人才的共同合作，共同制定科学合理的海洋生态补偿费用标准，为海洋生态补偿资金筹集机制的完善奠定基础。此外，我国应当积极拓展生态资金来源途径，保障海洋生态补偿的资金充足，除了国家财政转移支付外、还应积极推动市场主体通过市场交易机制实现补偿主体对受偿主体的补偿，调动社会公众、环保组织、国际非政府组织等社会力量参与到海洋保护区的生态补偿中，通过争取社会捐赠的方式筹集基金。在以后的发展中还可以适度探索政府生态补偿基金、征收生态税、发行彩票等方式筹集资金。

二、资金预算机制

海洋生态补偿的预算机制应当包括两部分，一是补偿资金预算，包括来自海域使用金、其他税收和海洋海岸工程项目中征收的生态补偿费以及其他大的财政转移支付资金的收入和支出预算。中央和地方应当在编制每年财政预算时将海洋生态补偿金部分单独列出，分别建立海洋生态补偿资金中央预算和地方预算。二是选择补偿方式，在制定下一年海洋生态补偿预算时要根据往年的经验和当年的现实需求，选择和分配各种补偿方式的使用资金状况，合理分配各种补偿方式的比例，最大限度地实现海洋生态补偿资金的收支平衡。

三、资金分配机制

海洋生态补偿金的分配机制有两种形式：一种是市场自由分配方式，另一种是政策计划分配方式。市场自由分配方式是指海洋生态补偿的利益相关方通过市场机制确定补偿的标准，分配海洋生态补偿金的使用。通过市场机制形成的分配方式灵活多样，能够适应变化发展的补偿需要，有利于形成海洋生态补偿金增长的长效机制。海洋保护区生态补偿的市场交易机制主要是开发利用者与海洋保护区管理部门、当地居民以及其他受偿主体之间进行补偿交易。政策计划分配方式是指国家自使用海洋生态补偿金时选择资金投入方向，即各种项目的资金分配比例，这种分配方式短期来看可以将生态补偿金用于效果显著的生态补偿项目，提高生态补偿金的使用效率。政策计划分配的项目主要包括：清理海洋垃圾、伏季休渔、建设生态自然保护区、进行海洋生态补偿的科研、采购海洋生态科技产品、海洋生态保护知识宣传、渔民转业转产技能培训和生活补贴等[240]。

四、资金监督机制

海洋生态补偿金的筹措、预算、分配、使用等都需要进行监督，任何权利的运行缺乏监督就会滋生腐败，出现效率低下、权力寻租等问题，因此要建立海洋生态补偿金的监督机制。监督机制主要有三种形式：内部监督、法律监督和社会监督。内部监督主要依靠收支两条线的财政运作、审计、部门内监督机关的监督等实现。除了依法按照专款专用的程序使用资金，审计部门定期进行审计，也应当在海洋生态补偿管理部门内部设立监督部门，具体监督海洋生态补偿金的使用情况。法律监督主要是国家制定海洋生态补偿的法律法规，并由政府部门严格依照法律实施，内部监督部门一旦发现海洋生态补偿使用金的使用存在违法犯罪的行为，要及时向检察机关报案，由司法部门追究相关责任人的行政责任或刑事责任。社会监督主要依靠生态补偿金筹集、预算、使用等情况信息公开、社会舆论监督、公众参与等途径实现外部监督。海洋生态补偿金的监督机制看似简单，实际上影响着整个资金实现机制的全过程，关系到资金能否专款专用和资金使用效果等，因此必须建立起资金监督机制。

第十二章　某省级珊瑚礁自然保护区案例分析

本案例仅对所搜集到的数据按照本书提供的方法进行案例验证分析，因资料和数据的时效性和完整性，其结果不作为官方进行海洋生态保护补偿的依据，在海洋生态保护补偿的实际工作中需要重新进行评估。

第一节　建设与保护成本计算

该省级珊瑚礁保护区主要保护亚热带造礁石珊瑚群落为主的生物群落、生物多样性及其栖息地。目前，保护区管理处的建立正在计划当中，因此，本案例的计算主要根据该保护区的现状、发展需要等进行规划、预估。

1）保护区建设成本

$$C_J = C_{J1} + C_{J2} + C_{J3} + C_{J4}$$

式中：C_{J1}为办公场所及附属设施费用：200万元，建设办公楼一栋，集办公、宣教、科研等于一体，配备相应数量的办公设备；C_{J2}为管护设施：60万元，包括巡护道路、巡护码头、界址界碑、围墙建设等；C_{J3}为通讯及网络设施建设费用：4万元；C_{J4}为工作设备：45万元，购置船只、车辆各一部，用于日常巡护、现场勘查。

综上，以上各项总和为309万元，故该省级珊瑚礁保护区建设成本约为309万元。

2）保护区维持与运营成本（按年计算）

$$C_G = C_{G1} + C_{G2} + C_{G3} + C_{G4} + C_{G5} + C_{G6} + C_{G7}$$

式中：C_{G1}为人员工资：36万，按照4名在编人员、2名协管人员计算，包括工资、保险等；C_{G2}为生态修复：40万，主要进行岸线整治修复，增殖放流，投放人工鱼礁等；C_{G3}为科研监测：60万，对保护区内关键物种种群数量、结构等进行监测与调查，与科研院所、高校等开展必要的技术与科研合作；C_{G4}为宣传教育：10万，用于制作展板，向来区人员发放一些文字、音像宣传材料等，进行生态教育；C_{G5}为维护费用：30万元，包括网站维护，车辆、船只运行维护，巡护道路、界碑界桩、宣传标牌维护更新等费用；C_{G6}为野生动植物救治费用：10万；C_{G7}为办公费：12万元。

综上，该珊瑚礁保护区建设成本约为309万元，维持、运营成本约为198万元/a。

第二节　海洋保护区经济发展机会成本评估

海洋保护区给当地造成的机会成本（O）包括企业机会成本（E）、个人机会成本（P）和政府机会成本（G），其计算公式为：$O = E + P + G$。

一、企业机会成本的核算

企业机会成本损失主要包括三个方面，即企业因关闭、停办所产生的损失，企业因合并、转产带来的利润损失，企业因搬迁发生的迁移损失。

该省级珊瑚礁自然保护区于1997年由省人民政府批准建立，主要保护亚热带造礁石珊瑚群落为主的生物群落、生物多样性及其栖息地。珊瑚礁保护区周边几乎没有工业，以渔业、农业为主。因此，不存在企业机会损失问题。

二、个人机会成本的核算

海洋保护区保护措施对海洋的使用进行了限制，限制了渔民的捕捞、养殖区域，或是限制了捕捞、养殖方式，很多渔民为了生计，往往选择在更远的区域捕捞、养殖，尽管总体收入不会有太大变化，但是增加了生产投入。

具体计算公式分为两种情况：

$$当 F_{前} > F_{后} 时，P = F_{前} - F_{后}；$$
$$当 F_{前} \leq F_{后} 时，P = S$$

式中：P表示海洋保护区居民的渔业收入损失，$F_{前}$、$F_{后}$表示建立海洋保护区前、后当地居民的渔业平均收入，S为增加的生产投入。

该省级自然保护区于1997年建立。通过对比分析1997年前后当地水产品产量变化

（表 12-1），可以看出该省级珊瑚礁自然保护区的建立对于当地水产品产量没有下降，而是呈现上升趋势，因此，当地个人机会成本的核算属于第二种情况，以 $P=S$ 来计算个人机会成本。

由于该自然保护区的建立，周边渔民需要绕行到更远的海域进行捕捞作业，增加了生产投入，主要体现在渔船的油耗成本上。

$S=$（20 L÷120 马力）×5 h×300 d×（238 993 马力÷2 108 艘－211 695 马力÷1 890 艘）×5.25 元/L＝1 793 元

每艘渔船油耗成本增加 1 793 元，1998 年的渔船总数为 2 108 艘，因此，渔民个人机会成本的总数为：1 793×2 108＝3 779 644 元。

表 12-1　某省级珊瑚礁保护区所在地 1991—2014 年水产品产量　单位：10^4 t

年份	水产品产量	年份	水产品产量	年份	水产品产量
1991	5.19	2001	28.50	2011	30.85
1992	6.93	2002	28.88	2012	32.04
1993	9.52	2003	29.6	2013	33.74
1994	11.79	2004	30.69	2014	35.80
1995	13.58	2005	31.84		
1996	15.10	2006	33.00		
1997	20.40	2007	27.33		
1998	23.58	2008	28.05		
1999	26.34	2009	28.79		
2000	27.97	2010	29.81		

三、政府机会成本的核算

海洋保护区当地政府为保护海洋生态环境，在限制当地企业、农户发展的同时，也给本级政府带来了巨大的机会损失，主要包括企业（现存企业、潜在企业与迁移企业等）的税收损失。

当地县（A 县）政府的机会成本，可以通过类比邻县（B 县）的企业税收进行计算。这两个县同为该省南部的沿海县，沿海居民以养殖与捕捞为生，长期以来经济发展水平相差不大。2003 年，港口经济开发区成立，成为重化工区，逐步引入多个项目，该临港工业基地拟重点发展石化中下游产业、冶金工业、建材工业等。根据该省统计年鉴数据，2003年及以前，两个县的企业税收相差不大，2003年以后，两个县的企业税收逐步拉大，B县的企业税收年增长率明显高于A县。

A县同样具备发展港口的自然条件，A县北侧为适宜建港岸线，长约9.8 km，−10 m等深线离岸较近，深槽宽约300 m，实测涨潮最大流速0.80 m/s，落潮最大流速0.48 m/s，本岸段水域含沙量低，水深稳定。如若建设港口，发展大型石化工业，将获得较大的经济收益。

因此，以2003年为参照年，以B县的企业税收年增长率为参照，计算2014年A县的企业税收额，以其与A县2014年实际企业税收额的差值作为2014年A县政府的机会成本。

具体计算可参照如下公式：

$$G = S_{CT} - S_{ST}$$

式中：G表示海洋保护区政府的机会成本；S_{CT}表示海洋保护区所在地参照发展地区的企业税收增长率计算的当年企业税收；S_{ST}表示海洋保护区所在地当年的实际企业税收。

$$S_{CT} = S_{C0} \times (1 + k_C)^T$$

式中：S_{CT}表示海洋保护区所在地参照发展地区的企业税收增长率计算的当年企业税收；S_{C0}表示海洋保护区所在地参照年的实际企业税收；k_C表示参照地区的税收年增长率。

$$k_C = \left(\frac{Z_T}{Z_0}\right)^{\frac{1}{T}} - 1$$

式中：k_C表示参照地区的税收年增长率；Z_T表示参照地区的当年企业税收；Z_0表示参照地区的参照年的企业税收。

$$k_C = \left(\frac{Z_T}{Z_0}\right)^{\frac{1}{T}} - 1 = \left(\frac{20\ 271}{389}\right)^{\frac{1}{11}} - 1 = 0.432$$

$$S_{CT} = 399 \times (1 + 0.432)^{11} = 20\ 717\ 万元$$

$$G = S_{CT} - S_{ST} = 20\ 717 - 7\ 262 = 13\ 455\ 万元$$

由此得出，2014年A县政府机会成本损失为13 455万元。

第三节　小结

该珊瑚礁自然保护区建设成本约为309万元，维持、运营成本约为198万元/a；渔民个人机会成本损失总数为3 779 644元，2014年该县政府机会成本损失为13 455万元，不存在企业的机会成本损失。

第十三章　某国家级自然保护区案例分析

本案例仅对所搜集到的数据按照本书提供的方法进行案例验证分析，因资料和数据的时效性和完整性，其结果不作为官方进行海洋生态保护补偿的依据，在海洋生态保护补偿的实际工作中需要重新进行评估。

第一节　海洋保护区的建设与保护成本

该国家级自然保护区的保护对象为海岸自然景观及所在海区生态环境和自然资源，包括文昌鱼、沙丘、沙堤、潟湖、林带、海水、鸟类等构成的沿岸海区生态系统。

建设与保护成本包括海洋保护区建设成本和海洋保护区管理与保护成本，计算公式如下：

$$C_2 = C_J + C_G$$

式中：

C_2——建设与保护成本；

C_J——海洋保护区建设成本；

C_G——保护区管理与保护费用。

1）保护区建设成本

海洋保护区建设成本范围主要包括基础设施、管护设施、科研和监测设备等建设项目，计算公式如下：

$$C_J = C_{J1} + C_{J2} + C_{J3} + C_{J4}$$

式中：

C_{J1}——办公场所及附属设施费用，10万元/a；

C_{J2}——管护设施建设费用，24.5万元/a，主要包括保护区基地道路、围墙建设与庭院环境绿化等；

C_{J3}——通讯及网络设施费用，2.5 万元/a；

C_{J4}——设备购置费用，50 万元/a。

故该国家级自然保护区建设成本约为 87 万元/a。

2）保护区管理与保护费用

保护区管理与保护费用指保护区管理机构在行政管理活动中所支付的费用总和，计算公式如下：

$$C_G = C_{G1} + C_{G2} + C_{G3} + C_{G4} + C_{G5} + C_{G6} + C_{G7}$$

式中：

C_{G1}——工资费用，100 万元/a，其中包括工资、年终奖金、保险、工会福利以及人员其他支出；

C_{G2}——生态修复费用，8 614 万元/a，主要包括潟湖整治修复、海岸缓冲区治理，滦河口湿地整治修复，沿海防护林带修复；

C_{G3}——科研监测费用，103.5 万元/a，针对保护区内代表性物种种群数量进行监测与调查；与各科研院所、大中专院校及其他保护区进行必要的技术与科研合作，开展一些课题研究；

C_{G4}——宣传教育费用，8.5 万元/a；

C_{G5}——维护费用，1 万元/a，主要用于界碑界桩、宣传标牌维护更新；巡护车辆运行维护；资源管护巡护，道路维护，主要对关键性的、受雨水冲刷及其他地质灾害破坏严重的巡护道路进行填土、除灌等；保护区网站维护、更新；

C_{G6}——野生动植物救治费用，5 万元/a，主要用于救护池、药品以及动物的饲料；

C_{G7}——办公费、会议费，4 万元/a。

故该国家级自然保护区管理与保护成本约为 8 836 万元/a。

综上，该国家级自然保护区建设与保护成本为 87+8 836 = 8 923 万元/a。

第二节　区域发展机会成本

区域发展机会成本包括土地占用的机会成本和海域占用的机会成本，计算公式如下：

$$C_3 = C_{F1} + C_{F2}$$

式中：

C_3——区域发展机会成本；

C_{F1}——土地占用的机会成本；

C_{F2}——海域占用的机会成本。

1）土地占用的机会成本

土地占用的机会成本指因海洋保护区建设占用土地而导致区域发展权的损失，计算公式如下：

$$C_{F1} = SL \times S_{保护区} \times m \times \alpha_1 \times \beta_1$$

式中：

C_{F1}——区域发展机会成本；

SL——单位陆域面积的海洋产业生产总值；

$S_{保护区}$——海洋保护区所占据的陆域面积；

m——收益调整系数，依据地方一般公共预算收入与当年 GDP 的比值确定；

α_1——区域调整系数；

β_1——分区调整系数。

即 C_{F1} = 4 199 万元/km^2 ×（15.07 km^2 × 1.0 + 22.1 km^2 × 0.93 + 25.69 km^2 × 0.65）× 22.21%×0.017 7 = 863.67 万元。

2）海域占用的机会成本

海域占用的机会成本指因海洋保护区建设占用海域而导致区域发展权的损失，计算公式如下：

$$C_{F2} = SL \times S_{保护区} \times m \times \alpha_2 \times \beta_2$$

式中：

C_{F2}——区域发展机会成本；

SL——单位海域面积的海洋产业生产总值；

$S_{保护区}$——海洋保护区所占据的海域面积；

m——收益调整系数，依据地方一般公共预算收入与当年 GDP 的比值确定；

α_2——区域调整系数；

β_2——分区调整系数。

即 C_{F2} = 1 504 万元/km² × （102.37 km² × 1.0 + 144.74 km² × 0.9 + 26.23 km² × 0.49） × 22.21% × 0.032 9 = 2 697.89 万元

综上，该国家级自然保护区区域发展机会成本为 3 561.56 万元。

第三节　小结

已建海洋保护区生态补偿金包括海洋保护区建设与保护成本以及区域发展机会成本，计算公式如下：

$$C = C_2 + C_3$$

式中：

C——海洋保护区生态补偿金的数量；

C_2——海洋保护区的建设与保护成本；

C_3——海洋保护区的发展机会成本。

根据前文计算，建设成本约为 87 万元/a，管理与保护成本约为 8 836 万元/a，故建设与保护成本为 8 923 万元/a；土地占用的机会成本 863.67 万元，海域占用的机会成本为 2 697.89 万元，故区域发展机会成本为 3 561.56 万元。综上，该国家级自然保护区生态补偿金为 12 484.56 万元。

第十四章　某国家级珊瑚礁自然保护区案例分析

本案例仅对所搜集到的数据按照本书提供的方法进行案例验证分析，因资料和数据的时效性和完整性，其结果不作为官方进行海洋生态保护补偿的依据，在海洋生态保护补偿的实际工作中需要重新进行评估。

第一节　保护区建设与保护成本计算

我国海洋保护区的建设管理面临着经费投入严重不足和资金使用率不高的难题，并且已经成为制约保护区发展的关键问题。保护区的建设与保护成本作为保护区发挥其职能的基本经费保障，是保护区生态补偿的最低标准。

通过与该珊瑚礁保护区管理局的工作人员座谈、收集有关资料，得到保护区建设与保护成本的相关数据。

1）海洋保护区建设成本（C_J）

海洋保护区建设成本主要包括办公及附属设施设备、管护设施、通讯及网络设施、科研和监测设备等建设项目。

$$C_J = C_{J1} + C_{J2} + C_{J3} + C_{J4}$$

式中：

C_{J1}——办公场所及附属设施建设费用。办公场所及附属设施费用876万元，主要建设了办公、宣教、科研等楼房共1 500 m²，包括珊瑚标本馆，珊瑚生态馆，管护平台；

C_{J2}——管护设施的建设费用。管护设施建设费用237万元，主要包括保护区基地道路、围墙建设与庭院环境绿化等；

C_{J3}——通讯及网络设施的建设费用。通讯及网络设施费用18.6万元；

C_{J4}——保护区相关工作设备的购置费用。设备购置费用89.6万元，其中船只39.5万元，车辆（两辆）50.1万元；

故该珊瑚礁保护区建设成本约为1 221.2万元。

2）海洋保护区维持与运营成本

按照保护区建设和实施保护区管理所需的人力、物力进行成本核算。主要包括以下几项：

$$C_G = C_{G1} + C_{G2} + C_{G3} + C_{G4} + C_{G5} + C_{G6} + C_{G7}$$

式中：

C_{G1}——保护区管理人员、巡护人员的工资费用。工资费用185万元，其中包括工资、年终奖金、保险、工会福利以及人员其他支出。该保护区目前有7名在编人员，1名退休人员，8名合同工、协管人员；

C_{G2}——保护区进行生态修复的费用。生态修复费用167万元，主要包括岸线整治修复、增殖放流、投放人工生态礁；

C_{G3}——科研监测费用。科研监测费用378万元，针对保护区内代表性物种种群数量进行监测与调查；与各科研院所、大中专院校及其他保护区进行必要的技术与科研合作，开展一些课题研究；

C_{G4}——宣传教育费用。宣传教育费用87.8万元；

C_{G5}——维护费用。维护费用170万元，主要用于界碑界桩、宣传标牌维护更新；巡护车辆运行维护；资源管护巡护道路维护，主要对关键性的、受雨水冲刷及其他地质灾害破坏严重的巡护道路进行填土、除灌等；保护区网站维护、更新；

C_{G6}——野生动植物救治费用。野生动植物救治费用40万元，主要用于救护池、药品以及动物的饲料；

C_{G7}——办公费。办公费、会议费22万元；

故该珊瑚礁保护区维持与运营成本约为1 049.8万元/a。

综上，该珊瑚礁保护区建设成本约为1 221.2万元，维持与运营成本约为1 049.8万元/a。

第二节　生态系统服务价值评估

除了保护区的建设、保护成本外，选择保护措施实施以后当地利益相关者享有本地生态系统服务的价值减少量作为该珊瑚礁自然保护区生态补偿金的一部分。

1) 识别由于保护区设立而受影响的本地生态系统服务

依照附录 A 中描述的珊瑚礁生态系统服务类型以及生态系统服务供给与消费空间特点（表 14-1），结合海洋保护区相关法律法规，通过实地调研来识别由于保护区设立而受影响的本地生态系统服务。

表 14-1　珊瑚礁生态系统服务类型以及生态系统服务供给与消费空间特点

珊瑚礁	供给服务	渔业供给	本地服务
		装饰品供给	本地服务
	调节服务	废弃物处理	本地服务
		气候调节	全方位服务
		波浪削减	定向服务
	支持服务	营养物质循环	本地服务
		初级生产	本地服务
		动物栖息地	本地服务
		防止海岸侵蚀	本地服务
	文化服务	科研教育	全方位服务
		旅游休闲	全方位服务

按照《中华人民共和国自然保护区条例》《海洋自然保护区管理办法》等文件中关于海洋自然保护区的相关规定，该珊瑚礁自然保护区设立以后，沿岸居民不能再在保护区海域内进行渔业捕捞、养殖活动，并且不能向海域排放废弃物。这些限制措施在一定程度上影响了当地渔业供给服务和废弃物净化服务的供给与消费方式。

此外，通过实地调研可知，保护区海域沿岸乡镇一直没有工业生产活动，因而没有入海工业废弃物。另一方面，在保护区设立之前沿海乡镇的生活污水均通过三级化粪池处理，没有直接排入海中。由此可见，沿岸居民对珊瑚礁生态系统的废弃物净化服务一直都没有明显需求。因此在考虑保护区对本地生态系统服务供给的影响时，这项服务可以忽略不计。

因此，保护区的设立仅仅限制了当地居民对珊瑚礁生态系统渔业供给服务的利用，当地渔业供给服务的价值减少量将作为该珊瑚礁自然保护区生态补偿金总额。

2) 补偿标准计算基期

该县西部海域于 2007 年经国务院批准成为国家级自然保护区，因此选择 2006 年与

2007年相比，当地渔民享有的渔业供给服务的价值减少量作为保护区生态补偿的总金额。

3）2006年渔业供给价值

（1）渔业捕捞产品总价值

2006年，保护区毗邻两镇（A镇、B镇）捕捞鱼类的主要品种按其产量依次为带鱼、石斑鱼、鲳鱼、鲻鱼、白姑鱼、大黄鱼、黄姑鱼，其各自的产量占所有鱼类主要品种总产量的比例分别为13%、12%、12%、12%、11%、9%、7%；捕捞甲壳类的主要品种为毛虾和梭子蟹，各占主要甲壳类产量的61%和18%。捕捞贝类主要为牡蛎；捕捞的其他类海产为海蜇。通过中国水产养殖网分别了解到当地水产市场各种主要捕捞品种2016年的价格，结合CPI指数进行价格换算，计算得出2006年，该珊瑚礁生态系统渔业捕捞产品价值为8 810万元。依照2006年、2007年CPI指数，将捕捞产品价值换算成2007年的价格，为9 250万元。

（2）捕捞燃油成本

根据《某县渔业统计年报表》，2006年A、B两镇渔船总功率为3 688 kW。通过查阅相关资料可知，钢质拖网渔船平均油耗为0.23 L/（kW·h）；平均每艘渔船每天的出海工作时间为5 h。除去6月、7月两个月的休渔期，每年渔船可工作时间约为300 d。由此可得，总的渔业捕捞油耗量为：

$$0.23 \text{ L/（kW·h）} \times 3\,688 \text{ kW} \times 5 \text{ h/d} \times 300 \text{ d} = 1\,272 \text{ t}$$

2006年该省柴油平均价格为4 700元/t，因此，A、B两镇的渔业捕捞燃油成本为598万元。依照2006年、2007年PPI指数，将燃油成本换算成2007年价格，为615万元。

（3）设备成本

此外，2006年，A、B两镇的渔船总吨数为1 748 t，当年钢质渔船的单位吨位造价约为1万元/t。因此，两镇所有渔船的总造价为1 748万元。依照《渔业船舶报废暂行制度规定》，小于24 m的海洋钢质捕捞渔船，报废船龄为16 a。因此，2006年A、B两镇所有渔船的年折旧成本为109万元/a，依照2006年、2007年PPI指数，将设备成本换算成2007年价格，为112万元。

（4）捕捞人力成本

依照《某县渔业统计年报表》，2006年A、B两镇专业从事海洋捕捞的劳动力总共为2 320人；同时，《2006年某市国民经济与社会发展统计公报》显示，当年某市农民人均纯收入为4 620元；因此，2006年A、B两镇海洋渔业捕捞劳动力总成本为1 071万元。依照

2006 年、2007 年 PPI 指数，将人力成本换算成 2007 年价格，为 1 103 万元。

（5）养殖服务价值

依照海域使用金征收标准，该县海域属于三等海，开放式养殖用海的海域使用金为 9 000 元/hm²，最长使用期限为 15 a，即海域使用成本为 600 元/（hm²·a），同时，从土流网查询该市滨海滩涂转让价格和使用年限可知，滨海滩涂使用成本为 1 500 元/（hm²·a）。2006 年，A、B 两镇的海上养殖面积共为 11 867 hm²，滩涂养殖面积为 1 570 hm²，养殖服务价值为 353 万元。

（6）渔业供给服务总价值

综合以上核算结果可得，以 2007 年价格和成本表示的 2006 年 A、B 两镇渔民享有的渔业供给价值为 7 773 万元。

4）2007 年渔业供给价值

（1）渔业捕捞产品总价值

2007 年，A、B 两镇捕捞鱼类的主要品种按其产量依次为带鱼、石斑鱼、鲳鱼、白姑鱼、鲻鱼、大黄鱼、黄姑鱼，其各自的产量占所有鱼类主要品种总产量的比例分别为 13%、11%、11%、11%、10%、8%、6%；捕捞甲壳类的主要品种为毛虾，各占主要甲壳类产量的 81%。捕捞贝类主要为牡蛎；捕捞的其他类海产为海蜇。通过中国水产养殖网了解到该市某水产市场各种主要捕捞品种 2016 年的价格，结合 CPI 指数进行价格换算，计算得出该保护区周边乡镇 2007 年渔业捕捞产品总价值为 8 459 万元。

（2）捕捞燃油成本

根据《某县渔业统计年报表》，2007 年 A、B 两镇渔船总功率为 3 688 kW。通过调研可知，钢质渔船平均油耗为 0.17 L/马力，即 0.23 L/kW（1 马力 = 0.735 kW）；平均每艘渔船每天的出海工作时间为 5 h。除去 6 月、7 月两个月的休渔期，每年渔船可工作时间约为 300 d。由此可得，总的渔业捕捞油耗量为：

$$0.23 \text{ L/（kW·h）} ×3 688 \text{ kW}×5 \text{ h/d}×300 \text{ d}=1 272 \text{ t}$$

2007 年该省柴油平均价格为 4 935 元/t，因此，A、B 两镇的渔业捕捞燃油成本为 627 万元。

（3）设备成本

此外，2007 年，A、B 两镇渔船总吨数为 1 748 t，当年钢质渔船的造价约为 1.05 万元/t。因此，两镇所有渔船的总造价为 1 835 万元。依照《渔业船舶报废暂行制度规定》，小于

24 m的海洋钢质捕捞渔船，报废船龄为 16 a。因此，2006 年 A、B 两镇所有渔船的年折旧成本为 114 万元/a。

（4）捕捞人力成本

依照《某县渔业统计年报表》，2007 年 A、B 两镇专业从事海洋捕捞的劳动力总共为 2 336 人；同时，《2007 年某市国民经济与社会发展统计公报》显示，2007 年该市农民人均存收入为 4 980 元；因此，2007 年 A、B 两镇海洋渔业捕捞劳动力总成本为 1 163 万元。

（5）养殖服务价值

2007 年，A、B 两镇的海上养殖面积共为 1 752 hm²，滩涂养殖面积为 320 hm²，养殖服务价值为 153 万元。

（6）渔业供给服务总价值

综合以上核算结果可得，2007 年 A、B 两镇渔民享有的渔业供给价值为 6 708 万元。

5）补偿金总额

2007 年保护区设立后，A、B 两镇居民享有本地生态系统服务的价值减少量为该珊瑚礁自然保护区生态补偿金总额，综上计算结果可知，为 1 065 万元。

第三节　海洋保护区经济发展机会成本评估

前文从生态系统服务价值的角度进行了生态补偿评估，本部分主要从海洋保护区经济发展机会成本损失的角度来考虑保护区生态补偿的标准。

海洋保护区给当地造成的机会成本（O）包括企业机会成本（E）、个人机会成本（P）和政府机会成本（G），其计算公式为：$O = E + P + G$。

一、企业机会成本的核算

企业机会成本损失主要包括三个方面，即企业因关闭、停办所产生的损失，企业因合并、转产带来的利润损失，企业因搬迁发生的迁移损失。

该珊瑚保护区周边几乎没有工业，以渔业、农业为主。因此，不存在企业机会损失问题。

二、个人机会成本的核算

海洋保护区保护措施对海洋的使用进行了限制，限制了渔民的捕捞、养殖区域，或是限制了捕捞、养殖方式，造成了捕捞、养殖产量的下降；很多渔民为了生计，往往选择在更远的区域捕捞、养殖，尽管总体收入不会有太大变化，但是增加了生产投入。

具体计算公式分为两种情况：

$$当 F_前 > F_后 时，P = F_前 - F_后；$$
$$当 F_前 \leq F_后 时，P = S$$

式中，P 表示海洋保护区居民的渔业收入损失，$F_前$、$F_后$ 表示建立海洋保护区前、后当地居民的渔业平均收入，S 为增加的生产投入。

该珊瑚礁保护区成立之前，本海域内存在的人类捕鱼活动包括定置作业网、流式网、缯网、围网、拖网，以及珍珠养殖及炸鱼等行为。保护区建立后，对上述行为进行了制止和控制。部分渔民到远海捕捞，养殖也被清出了保护区，对当地居民造成了一定的经济损失。

根据《某县渔业统计年报表》，2006 年该县捕捞产量为 21 788 t，养殖产量为 41 727 t；2007 年捕捞产量为 19 278 t，养殖产量为 39 794 t。由以上分析可以看出，由于该保护区的建设，影响了当地捕捞与养殖产业的发展，降低了渔民的收入，该县渔民的个人机会成本计算，属于 $F_前 > F_后$ 的情况，因此采用计算公式 $P = F_前 - F_后$。

$P = $（16 528 万元 $\div$ 19 278 t）$\times$（21 788 t $-$ 19 278 t）$+$（73 409 万元 $\div$ 39 794 t）$\times$（41 727 t $-$ 39 794 t）$= 5 718$ 万元

2007 年渔业人口为 55 449 人，平均每人的机会成本损失为 $5\ 718 \times 10^4 \div 55\ 449 = 1\ 031$ 元。

三、政府机会成本的核算

海洋保护区当地政府为保护海洋生态环境，在限制当地企业、农户发展的同时，也给本级政府带来了巨大的机会损失，主要包括企业（现存企业、潜在企业与迁移企业等）的税收损失。

该县政府的机会成本，可以通过类比某市（C 市）的企业税收进行计算。该县与 C 市同为某省南部的沿海县，沿海居民以养殖与捕捞为生，财政收入的增速相差不大（2005 年某县 14.4%、C 市 23.9%，2006 年某县 27%、C 市 23%）。2007 年，该珊瑚礁自然保护区升格为省级自然保护区，执行更加严格的环境标准，对工业企业的进驻也执行了更高要求的限制，相较而言，其财政收入的增长速度开始减缓，并明显低于 C 市。

因此，以 2007 年为参照年，以 C 市的财政收入年增长率为参照，计算 2014 年该县的企业收入额，以其与该县 2014 年实际财政收入额的差值作为 2014 年该县政府的机会成本。

具体计算可参照如下公式：

$$G = S_{CT} - S_{ST}$$

式中：G 表示海洋保护区政府的机会成本；S_{CT} 表示海洋保护区所在地参照发展地区的财政收入增长率计算的当年财政收入；S_{ST} 表示海洋保护区所在地当年的实际财政收入。

$$S_{CT} = S_{C0} \times (1 + k_C)^T$$

式中：S_{CT} 表示海洋保护区所在地参照发展地区的财政收入增长率计算的当年财政收入；S_{C0} 表示海洋保护区所在地参照年的实际财政收入；k_C 表示参照地区的财政收入年增长率。

$$k_C = \left(\frac{Z_T}{Z_0}\right)^{\frac{1}{T}} - 1$$

式中：k_C 表示参照地区的财政收入年增长率；Z_T 表示参照地区的当年财政收入；Z_0 表示参照地区的参照年的财政收入。

$$k_C = \left(\frac{Z_T}{Z_0}\right)^{\frac{1}{T}} - 1 = \left(\frac{55\ 289}{20\ 153}\right)^{\frac{1}{T}} - 1 = 0.155$$

$$S_{CT} = 16\ 435 \times (1 + 0.155)^7 = 45\ 065\ \text{万元}$$

$$G = S_{CT} - S_{ST} = 45\ 065 - 40\ 345 = 4\ 720\ \text{万元}$$

由此得出，2014 年该县政府机会成本损失为 4 720 万元。

第四章　小结

该珊瑚礁保护区建设成本约为 1 221.2 万元，维持与运营成本约为 1 049.8 万元/a。

（1）保护区建立后，当地利益相关者享有本地生态系统服务的价值减少量为 1 065 万元。

（2）渔民个人机会成本损失为 5 718 万元，平均每人的机会成本损失为 1 031 元。该县政府机会成本损失为 4 720 万元。不存在企业机会成本的损失。

（1）、（2）两项是运用两种不同方法计算出的除保护区建设保护成本外的生态补偿金额，可视具体情况选择其一。

第十五章　某国家级自然保护区案例分析

根据前文所述，本研究采用 CVM 对海洋生物物种自然保护区、海洋生态特别保护区和海洋公园进行生态补偿意愿价值评估。在充分考虑我国特殊社会经济条件、文化特征以及调查对象的特殊性质等因素的前提下，采取受偿意愿测度指标评估海洋生物物种自然保护区、海洋生态特别保护区的生态补偿标准，采取支付意愿测度指标评估海洋公园。本章以某国家级自然保护区为例，进行生态补偿意愿价值评估，主要目的在于将评估结果与生态系统服务价值法和成本法研究结果进行对比，以验证生态补偿标准确定方法的合理性。

本案例仅对所搜集到的数据按照本书提供的方法进行案例验证分析，因资料和数据的时效性、完整性和动态变化，其结果不作为官方进行海洋生态保护补偿的依据，在海洋生态保护补偿的实际工作中需要重新进行评估。

第一节　某国家级自然保护区现状

1. 总体概况

某国家级自然保护区位于中国大陆海岸线的西南端，处于中越两国交界处，地理位置特殊，是以保护红树林生态系统、滨海过渡带生态系统、海草床生态系统及生物多样性为主的"海洋和海岸生态系统类型"的自然保护区。保护区沿岸由西向东涵盖 10 个村委会，岸线长 105 km，总面积约 3 000 hm^2。

保护区具有我国大陆海岸面积最大、保存较为完好的海湾红树林生态系统及较大面积生长在平均海面以下的红树林，同时还有滨海过渡带生态系统和海草床生态系统，生物多样性极高，具有较高的科学研究价值和独特的生态旅游资源，不仅是研究海岸湿地生物多样性的理想场所，而且是开展自然环境保护、宣传教育、生态旅游的理想场所。

2. 自然环境条件

保护区年平均气温 22.3℃，7月平均气温 28.6℃，为最热月，1月平均气温 14.1℃，为最冷月，极端最低温 2.8℃。平均年降雨量为 2 220.5 mm，平均年降雨日数 147.5 d，主要集中在 6—9 月，年均蒸发量为 1 400 mm，小于降雨量。全年盛行 NNE 和 SSW 风向，平均风速 5.1 m/s。潮汐类型以正规全日潮为主，平均潮差为 2.22 m（以黄海为基准面），最大潮差 5.64 m。

3. 生态资源状况

保护区内有红树植物 15 种（其中真红树 10 种、半红树 5 种），主要红树植物种类有白骨壤、桐花树、秋茄、木榄、红海榄、海漆、老鼠勒、榄李、银叶树、阔包菊、卤蕨、水黄皮、黄槿、杨叶肖槿、海芒果等，其他常见高等植物 19 种，大型底栖动物 84 种，鱼类 27 种，鸟类 128 种（属国家二级保护动物 13 种）。保护区内的红树林有林面积为 12.60 km²，主要的红树植物群落类型有白骨壤群落、桐花树群落、秋茄群落、木榄群落和老鼠勒群落等 12 种，其中老鼠勒群落分布面积较大，为国内少见。此外，保护区核心区还发现有大面积珍稀海草——矮大叶藻。

保护区一带为亚洲东部沿海鸟类迁徙路线和中西伯利亚-中国中部的内陆鸟类迁徙路线等两条重要迁徙路线的交汇点，保护区有记录的鸟类 213 种，有 159 种是候鸟，占鸟类总数的 74.6%。保护区的红树林和滩涂及沿岸的滨海植物过渡带是候鸟的重要中途歇息地，是鸟类迁飞的重要中继站和觅食场所，对鸟类保护具有重要的意义。

第二节　问卷设计与开发

通过总结国内 CVM 应用研究的已有案例，参考国内外问卷设计的经验，结合问卷设计的原则、自身调查的目的以及某国家级自然保护区的具体情况对此次问卷进行了设计。为控制 CVM 应用中存在的诸多偏差，在完成问卷的初步设计后开展了预调查，并对初始问卷进行了适当调整，由此形成了最终的正式调查问卷。

本次调查问卷由 4 部分组成：第 1 部分为前言，主要介绍问卷调查的目的、内容、方式和相关背景，并希望得到受访者的理解、支持和帮助；第 2 部分为基本信息表格，包括受访者的性别、年龄范围、学历、职业、家庭收入等个人社会经济特征信息；第 3 部分为受访者对生态恢复/保护措施的响应，主要了解受访者对当地生态质量状况的看法、对当前生态恢复/保护措施的认知以及对当前生态恢复/保护的社会经济影响判断等；第 4 部分为受访者对生态补偿政策的响应，主要了解受访者对生态补偿政策的认知和受偿意愿等，这部分设计了支付卡式选项的问题，以获取受访者的对保护区生态恢复/保护的受偿意愿。

第三节　调查实施与管理

1. 调查方式选择

问卷的回收率高度依赖于调查方式的选择，邮寄调查和电话调查成本低，但很难达到所要求的回收率本次调查采取面对面调查方式，以此提高问卷的回收率，同时与被试者建立友好关系，观察受访者的反应。

2. 调查样本选择

为保证受访者可以正确理解所回答的问题，只有对保护区有一定认识的利益相关者才被允许参与回答问卷。2016 年 3 月 16 日，针对《某国家级自然保护区总体规划征求意见会》的参会人员展开了问卷调查。参会人员主要为该国家级自然保护区及周边自然村的村干部，以其作为调查样本的最大好处在于这部分人的经济利益与保护区建设息息相关，且他们对于生态恢复/保护措施的理解较为深刻，有利于减少样本选择和其他系统偏差。

3. 调查人员管理

本次调查人员为国家海洋局第三海洋研究所海洋环境管理与发展战略研究中心的工作人员，所有调查人员均有一定的社会调查经验。在实施调查之前，项目骨干对其他调查人员进行了有关调查目的与调查方法等方面的培训。每个调查人员被要求以热情的态度接触受访者，并在接触受访者时简单地介绍自己，但不能提起任何亲密关系；调查结束后，调查人员还应对调查的经验、遇到的问题及解决办法进行及时总结和交流。

4. 酬劳发放

为方便调查人员回访，调查结束时，每个调查人员被要求对受访者发放相应酬劳，以鼓励受访者真诚答卷，并要求留下受访者的姓名、联系电话和身份证信息。

5. 问卷回收

本次调查一共发放问卷 46 份，每份问卷调查时间控制在 20~25 min 之内。问卷全部回收，其中 3 份为无效问卷，回收率（实际发放的问卷与收回的有效问卷的数量之比）为 93.48%。

第四节　数据分析及结果

1. 问卷调查样本特征

经过统计分析发现，在 43 位受访者中 93.02% 为男性，6.98% 为女性；35.71% 的受访者年龄集中在 51~60 岁之间；47.37% 的受访者接受过初中教育，34.12% 的受访者接受过高中教育；25.64% 的受访者家庭年收入在 1~2 万元，23.08% 的受访者家庭年收入在 1 万元以下；64.86% 的受访者家庭人数在 5 人以上；大部分的受访者（54.05%）认为生态保护与恢复措施没有给家庭带来经济损失。

2. 受访者对生态保护和生态补偿的认知

通过调查发现，该国家级自然保护区居民对当地生态保护问题有较深刻的认识。在 43 份有效调查问卷中，75% 的受访者认为红树林的生态作用更重要，认为生活、生产活动更重要的居民仅为 25%。74.42% 的人认为，近年来周边红树林状况明显好转或好转，11.63% 的人认为，其周边红树林质量没有发生改变，13.95% 的人认为，其所在地区红树林状况趋于变差，原因主要归结于自然环境变差（如海水温度升高、海水酸化等）、工业污染、海水养殖和盗采破坏等。87.50% 的受访者表示，他们所在的地区已经实施了生态保护措施；4.17% 的受访者表示，他们所在的地区没有实施任何生态保护措施；另有 8.33% 的受访者不太清楚情况。但被问及是否参与生态保护及其实施效果时，大多数受访者回答模糊。与此同时，受访者还表示，保护区内居民、周边居民以及保护区的管理者是生态保护与建设实施的主要受益人。以上调查结果在一定程度上反映了保护区居民积极的生态保护意识以及对于生态保护与建设活动的认同。

从问卷调查结果来看，当地居民对于生态补偿的认识不深。作为村干部，仅有 31.71% 的受访者非常了解生态补偿，58.54% 的受访者听过但不太了解生态补偿，尚有 9.76% 的受访者完全没听过生态补偿。但在生态保护与个人生活关系的认知方面，大多数的受访者（43.33%）表示红树林保护对家庭经济收入没有损失，26.67%的受访者表示每年因红树林保护造成的家庭经济收入损失在1千元以下。

3. 受偿意愿评估结果

通过对受访者的受偿意愿分布进行统计发现，48.72%的受偿意愿为200元/月。所有受访者的平均受偿意愿期望值的计算公式如下：

$$E(WTA) = \sum_{i=1}^{n} A_i P_i$$

式中：A_i 为受偿意愿投标额；P_i 为受偿意愿受访者选择该数额的概率；n 为可供选择的数额数。

根据上述公式，计算得到保护区居民受偿意愿的平均值 $E(WTA) = 132.33$ 元/月。

4. 受访者对生态补偿方式的偏好

问卷调查结果显示，当地居民认为生态保护措施对他们的生产和生活造成了种种弊端。当问及希望政府以何种方式进行补偿时，29.41%的居民希望政府给予直接现金补贴，23.53%的居民希望提供就业机会，19.61%的居民希望得到多种谋生技能，希望得到实物补偿（如粮食、饲料、燃料等）和政策优惠的居民分别仅占17.65%和9.80%。通过进一步访谈发现，大部分的受访户之所以偏好政策、技能等方面的扶持手段，主要在于他们一方面已经意识到保护区生态保护的重要性，并且支持当前生态保护工程的实施，另一方面希望借助生态补偿带来的契机，提高自身应对未来危机和挑战的生存能力，获得新的就业岗位，以解决他们生活的后顾之忧。

该结果表明，现有的资金补偿方式不能完全满足当地居民的生存和发展要求，他们更寄希望于接受政策优惠、职业技能培训以及增加就业机会等多样化的补偿形式，这一调查结果将有助于保护区生态补偿政策在生态补偿方式上的选择。

附录 A 典型海洋保护区生态系统服务分类

典型海洋保护区生态系统服务分类表

生态系统	服务类别	服务类型	服务消费与供给的空间关系
河口	供给服务	渔业供给	本地服务
	调节服务	气候调节	全方位服务
		蓄洪防涝	定向服务
		废弃物处理	本地服务
	支持服务	营养物质循环	本地服务
		土壤形成	本地服务
		初级生产	本地服务
		动物栖息地	本地服务
		防止海岸侵蚀	定向服务
	文化服务	科研教育	全方位服务
		休闲娱乐	全方位服务
盐沼	供给服务	渔业供给	本地服务
	调节服务	气候调节	全方位服务
		蓄洪防涝	本地服务
		废弃物处理	本地服务
	支持服务	营养物质循环	本地服务
		土壤形成	本地服务
		动物栖息地	本地服务
		防止海岸侵蚀	全方位服务
	文化服务	科研教育	全方位服务

续表

生态系统	服务类别	服务类型	服务消费与供给的空间关系
红树林	供给服务	燃料供给	本地服务
		渔业供给	本地服务
	调节服务	气候调节	全方位服务
		蓄洪防涝	本地服务
		防止风暴	定向服务
		废弃物处理	本地服务
	支持服务	营养物质循环	本地服务
		土壤形成	本地服务
		初级生产力	本地服务
		动物栖息地	本地服务
		防止海岸侵蚀	定向服务
	文化服务	科研教育	全方位服务
		休闲娱乐	全方位服务
海湾	供给服务	渔业供给	本地服务
	调节服务	气候调节	全方位服务
		防止风暴	定向服务
		废弃物处理	本地服务
	支持服务	营养物质循环	本地服务
		初级生产	本地服务
		动物栖息地	本地服务
	文化服务	科研教育	全方位服务
		旅游休闲	全方位服务
海草床	供给服务	渔业供给	本地服务
		装饰品供给	本地服务
	调节服务	气候调节	全方位服务
		消减波浪	定向服务
		废弃物处理	本地服务
	支持服务	防止海岸侵蚀	定向服务
		营养物质循环	本地服务
		土壤形成	本地服务
		初级生产力	本地服务
		动物栖息地	本地服务
	文化服务	科研教育	全方位服务

续表

生态系统	服务类别	服务类型	服务消费与供给的空间关系
珊瑚礁	供给服务	渔业供给	本地服务
		装饰品供给	本地服务
	调节服务	废弃物处理	本地服务
		气候调节	全方位服务
		波浪削减	定向服务
	支持服务	营养物质循环	本地服务
		初级生产	本地服务
		动物栖息地	本地服务
		防止海岸侵蚀	本地服务
	文化服务	科研教育	全方位服务
		旅游休闲	全方位服务
上升流	供给服务	渔业供给	本地服务
	调节服务	气候调节	全方位服务
	支持服务	营养物质循环	本地服务
		初级生产	本地服务
		动物栖息地	本地服务
岛屿	供给服务	渔业供给	本地服务
		装饰品供给	本地服务
	调节服务	气候调节	全方位服务
	支持服务	营养物质循环	本地服务
		初级生产	本地服务
		动物栖息地	本地服务
	文化服务	科研教育	全方位服务
		旅游休闲	全方位服务

附录 B 海洋保护区生态补偿受偿意愿
调查评估方法

本附录适用于海洋生物物种自然保护区和海洋生态特别保护区生态补偿受偿意愿调查评估。

B.1 调查问卷的设计

海洋保护区生态补偿受偿意愿调查问卷由两部分组成：

——第 1 部分："致答卷人的一封信"，主要介绍问卷调查的目的、内容、方式和相关背景；

——第 2 部分："调查问卷表"，主要以支付卡的形式对被调查者的相关信息及其对海洋保护区及周边自然环境和资源保护行为的受偿意愿进行调查。

调查问卷的模板参见附录 E。

附录 E 仅提供了一般性的问卷模板，开展具体评估时应根据被评估区域的实际情况进行调整。

B.2 调查地点的选择和取样

第 1 步：确定调查地区

选取被评估海洋保护区及周边的村镇作为调查地区。

调查地区的选取宜考虑如下因素：

——被评估海洋保护区及周边村镇的社会经济差异程度；

——在各村镇内开展调查的可操作性；

——开展问卷调查的人力、物力约束等。

第 2 步：选择具体调查地点

宜选取调查地区中居民密集分布、活动频繁的地点作为调查地点，比如广场、居民区、村委会、商业区等；在调查条件充分的情况下，尽量在村镇居民区做入户调查。

评估时应根据实际情况选择一定数量、具有一定分布特征的公共场所或居民区。

B.3 调查人员的选择和培训

应尽量选择具备一定的社会调查经验和相关专业知识背景的人员进行问卷调查。问卷调查开始前应在调查目的、调查方法等方面对调查人员进行培训，同时进行模拟调查，对模拟调查中出现的问题予以纠正。

B.4 调查方式的选择

问卷调查的方式包括邮寄调查、电话调查和现场面对面调查 3 种类型。应尽量选择现场面对面的方式进行问卷调查，在样本不足的情况下，可采用电话调查和邮寄调查方式予以补充。

B.5 问卷调查的现场实施

调查人员在现场开展问卷调查时，应选择被访村镇的户籍居民随机调查，被选择的居民年龄应尽量有所差异，但不调查 16 岁以下的未成年人。对每个家庭只做一份问卷调查。

调查人员应以热情的态度接触被调查者。居民答卷前，调查人员应简单介绍自己；居民答卷时，调查人员应在旁边解释；居民犹豫时，调查人员应及时引导；居民答完后，调查人员应仔细检查问卷，补充必要的信息，确保回答所有问题，并保证问卷的有效性。每份问卷调查结束后，调查人员应逐项记录调查人员的姓名、问卷调查地点、日期、时间、问卷编号等内容。

每天有效问卷数量控制在 35~45 份，平均每份问卷的调查时间控制在 10 min 左右，1h 内问卷数不超过 8 份。

询问居民是否愿意接受调查时，若居民拒绝两次，不应再继续要求进行调查。

B.6　调查问卷的回收、筛选及整理

每天开展问卷调查后，当晚应进行问卷回收，对当天所有问卷进行检查。如果问卷存在漏填、错填、前后矛盾、填写模糊不清的项目，则被视为无效问卷。

整个问卷调查过程结束后，将所有问卷进行整理、数据录入和汇总，填写调查员、录入员、校对员和审核员的姓名，并打印后签字存档。

调查问卷应及时存档备查。

附录 C　海洋公园生态补偿支付意愿
调查评估方法

C.1　调查问卷的设计

海洋公园生态补偿支付意愿调查问卷由两部分组成：

——第 1 部分：介绍海洋公园基本情况和问卷调查的主要目的；

——第 2 部分：主要以支付卡的形式对被调查者的相关信息及其对海洋公园特殊海洋生态景观、历史文化遗迹和独特地质地貌景观保护行为的支付意愿进行调查。

调查问卷的模板参见附录 F。

附录 F 仅提供了一般性的问卷模板，开展具体评估时应根据被评估区域的实际情况进行调整。

C.2　调查地点的选择和取样

应选取被调查公园中的至少一个景点作为调查地点。为减少样本选取和其他的系统偏差，调查样本应在进入海洋公园的游客中随机选择。

调查地点的选取宜考虑如下因素：

——海洋公园内各景点的类型、特点及相互差异程度等；

——海洋公园内各景点的级别、知名程度及年旅游人次数等；

——在景点内开展调查的可操作性；

——开展问卷调查的人力、物力约束等。

C.3 调查人员的选择和培训

应尽量选择具备一定的社会调查经验和相关专业知识背景的人员进行问卷调查。问卷调查开始前应在调查目的、调查方法等方面对调查人员进行培训，同时进行模拟调查，对模拟调查中出现的问题予以纠正。

C.4 问卷调查的现场实施

调查人员在现场开展问卷调查时，选择的游客年龄应尽量有所差异，但不调查16岁以下的未成年人和外国游客。对每个家庭只做一份问卷调查。

调查人员应以热情的态度接触被调查者。游客答卷前，调查人员应简单介绍自己；游客答卷时，调查人员应在旁边解释；游客犹豫时，调查人员应及时引导；游客答完后，调查人员应仔细检查问卷，补充必要的信息，确保回答所有问题，并保证问卷的有效性。每份问卷调查结束后，调查人员应逐项记录调查人员的姓名、问卷调查地点、日期、时间、问卷编号等内容。

每天有效问卷数量控制在35～45份，平均每份问卷的调查时间控制在10 min左右，1 h内问卷数不超过8份。

询问游客是否愿意接受调查时，若游客拒绝两次，不应再继续要求进行调查。

C.5 调查问卷的回收、筛选及整理

每天开展问卷调查后，当晚应进行问卷回收，对当天所有问卷进行检查。如果问卷存在漏填、错填、前后矛盾、填写模糊不清的项目，则被视为无效问卷。

整个问卷调查过程结束后，将所有问卷进行整理、数据录入和汇总，填写调查员、录入员、校对员和审核员的姓名，并打印后签字存档。调查问卷应及时存档备查。

附录 D 需要调查的问卷数量确定方法

本附录适用于计算海洋生物物种自然保护区和海洋生态特别保护区生态补偿受偿意愿调查评估中需调查的居民数量，以及计算海洋公园生态补偿支付意愿调查评估中需调查的游客数量。

问卷调查的抽样方法宜采用简单随机抽样方法，具体步骤如下：

第 1 步：应确定抽样样本容量，即评估所需有效问卷数量。

有效问卷数量的计算主要有两种方法，应根据实际情况选用。

——方法 1：有效问卷数量采用 Scheaffer 抽样公式计算得到，公式如下：

$$n_1 = \frac{N}{(N-1) \times \delta^2 + 1} \qquad \text{公式（D-1）}$$

式中，n_1 为有效问卷数量，N 为被调查群体的母本数量，δ 为抽样相对误差。

公式（D-1）适用于样本容量下限的计算，即计算出的 n_1 代表母本数量为 N 且选取抽样误差为 δ 的情况下应至少抽取的样本数。若进行生物物种自然保护区和海洋生态特别保护区生态补偿受偿意愿调查评估，则母本数量 N 为评估年份被调查村镇的人口总数；若进行海洋公园生态补偿支付意愿调查评估，则母本数量 N 为评估年份被调查公园接纳的年旅游人次总数。δ 为抽样相对误差值，根据评估所允许的误差程度选取，一般选取 0.05，最高不超过 0.1。不同的 δ 对应的 n_1 值不同，进而抽样调查所需的人力、物力、时间及相关成本将有所差异。

——方法 2：有效问卷数量采用统计学最大样本容量公式计算得到，公式如下：

$$n_2 = \frac{z^2}{p^2} \qquad \text{公式（D-2）}$$

式中，n_2 为有效问卷数量，z 为一定置信水平对应的 z 统计量，p 为抽样相对误差。

公式（D-2）适用于有效问卷数量的保守值计算，即计算出的 n_2 代表完全可以保证置信水平为 z 且完全可以控制抽样误差为 p 所需抽取的样本数。置信水平一般选为 0.95，对

应的 z 值为 1.96。抽样相对误差值 p 一般在 0.05~0.1 之间取值。若取 0.05，则要达到 0.95 的置信水平，所需有效问卷数量为 1 537 份；若取为 0.1，则要达到 0.90 的置信水平，所需有效问卷数量为 384 份。不同的 z 和 p 对应的 n_2 值不同，进而抽样调查所需的人力、物力、时间及相关成本将有所差异。

如果被调查地区两种方法都适用，则以第一种方法作为仲裁方法。

第 2 步：有效问卷数量确定以后，根据调查问卷的回收率和有效率确定所需发放的调查问卷数。

根据以往经验，生态补偿意愿调查评估回收问卷的有效率一般在 80% 以上。考虑到问卷的回收率，发放问卷的数量应适当多于第 1 步计算获得的有效问卷数。

附录 E　海洋保护区生态补偿受偿意愿调查问卷

海洋保护区生态补偿受偿意愿调查问卷由两部分组成：

——第 1 部分："致答卷人的一封信"，主要介绍问卷调查的目的、内容、方式和相关背景；

——第 2 部分："调查问卷表"，主要以支付卡的形式对被调查者的相关信息及其对海洋保护区及周边自然环境和资源保护行为的受偿意愿进行调查。

调查问卷包括如下必需问题，具体表述方式和选项应根据实际情况调整。

1. 您的性别：□ 男　　　　□ 女（请在□上划√，下同）

2. 您的年龄：□ 18 岁以下　　□ 18~22 岁　　□ 23~30 岁　　□ 31~40 岁
　　　　　　　□ 41~50 岁　　□ 51~60 岁　　□ 61~70 岁　　□ 71 岁以上

3. 您的文化程度：□ 小学及以下　　□ 初中　　□ 高中（包括中专、技校、职高）
　　　　　　　　　□ 专科　　　　□ 本科　　□ 硕士　　□ 博士

4. 您的家庭成员数：＿＿＿＿人

5. 您的家庭平均年收入：

□ <1 万元	□ 1~2 万元	□ 2~3 万元	□ 3~4 万元	□ 4~5 万元
□ 5~6 万元	□ 6~7 万元	□ 7~8 万元	□ 8~9 万元	□ 9~10 万元
□ 10~12 万元	□ 12~14 万元	□ 14~16 万元	□ 16~18 万元	
□ 18~20 万元	□ 20~30 万元	□ 30~40 万元	□ 40~50 万元	□ 50 万以上

6. 您是否参与过海洋保护区生态保护和建设？□ 是　　　□ 否

7. 每年您家因海洋保护区生态保护和建设造成的经济损失有多大？

□ 没有损失　　□ 0.5 千元　　□ 1 千元　　□ 1.5 千元

□ 2 千元　　　□ 2.5 千元　　□ 3 千元　　□ 3.5 千元

□ 4 千元　　　□ 4.5 千元　　□ 5 千元

8. 您是否了解生态补偿？□ 是　　　□ 否

9. 如有生态补偿，您希望以哪种方式得到补助：

□ 传授多种谋生技能　　　　　　□ 提供就业机会　　　　□ 直接补现金

□ 实物补偿（粮食、饲料、燃料等）　　□ 给予政策优惠（如贷款、减税等）

□ 其他_____

10. 如果您愿意接受现金补偿，以家庭为单位，未来 3 年您愿意接受的补偿金额为多少元/月？

□ 20 元　　　□ 40 元　　　□ 60 元　　　□ 80 元

□ 100 元　　□ 125 元　　□ 150 元　　□ 175 元

□ 200 元　　□ 225 元　　□ 250 元　　□ 275 元　　□ 300 元

附录 F 海洋公园生态补偿支付意愿调查问卷

海洋公园生态补偿支付意愿调查问卷由两部分组成：

——第 1 部分：介绍海洋公园基本情况和问卷调查的主要目的；

——第 2 部分：主要以支付卡的形式对被调查者的相关信息及其对海洋公园特殊海洋生态景观、历史文化遗迹和独特地质地貌景观保护行为的支付意愿进行调查。

调查问卷包括如下必需问题，具体表述方式和选项应根据实际情况调整。

1. 您的性别：□ 男　　　□ 女（请在□上划√，下同）

2. 您的年龄：□ 18 岁以下　　□ 18~22 岁　　□ 23~30 岁　　□ 31~40 岁
　　　　　　　□ 41~50 岁　　□ 51~60 岁　　□ 61~70 岁　　□ 71 岁以上

3. 您的文化程度：□ 小学及以下　　□ 初中　　□ 高中（包括中专、技校、职高）
　　　　　　　　　□ 专科　　　　□ 本科　　□ 硕士　　□ 博士

4. 您的家庭成员数：＿＿＿＿人

5. 您的家庭平均年收入：

□ <1 万元	□ 1~2 万元	□ 2~3 万元	□ 3~4 万元	□ 4~5 万元
□ 5~6 万元	□ 6~7 万元	□ 7~8 万元	□ 8~9 万元	□ 9~10 万元
□ 10~12 万元	□ 12~14 万元	□ 14~16 万元	□ 16~18 万元	
□ 18~20 万元	□ 20~30 万元	□ 30~40 万元	□ 40~50 万元	□ 50 万以上

6. 您过去是否去过 XX 海洋公园？□ 是　　　□ 否

7. 近年来您认为 XX 海洋公园的特殊海洋生态景观、历史文化遗迹和独特地质地貌景观是否有所改变？

　　□ 变好　　□ 变差　　□ 不变

8. 您过去是否参加过有关 XX 海洋公园的募捐吗？□ 是　　　□ 否

9. 您愿意为维持 XX 海洋公园的特殊海洋生态景观、历史文化遗迹和独特地质地貌景

观而进行力所能及的捐款吗？　　□ 愿意　　　□ 不愿意

　　10. 为维持 XX 海洋公园的特殊海洋生态景观、历史文化遗迹和独特地质地貌景观，以家庭为单位，未来 3 年您愿意对其捐献多少元/年？（这里不要求您真正支付，且保证资金完全用于保护目的，请根据家庭收入水平选择您愿意捐献的最大数额）

□ 0 元	□ 5 元	□ 10 元	□ 20 元	□ 25 元
□ 30 元	□ 35 元	□ 40 元	□ 45 元	□ 50 元
□ 60 元	□ 70 元	□ 80 元	□ 90 元	□ 100 元
□ 150 元	□ 200 元	□ 250 元	□ 300 元	□ 350 元
□ 400 元	□ 500 元	□ 600 元	□ 700 元	□ 800 元
□ 900 元	□ 1000 元	□ 1000 元以上		

参考文献

[1]　国家海洋局.海洋特别保护区管理办法[Z].2005.

[2]　刘兰.我国海洋特别保护区的理论与实践研究[D].青岛:中国海洋大学,2006.

[3]　沈国英.海洋生态学[M].北京:科学出版社,2010.

[4]　Larkum W D, Orth R J, Duarte C M, et al. Seagrasses: Biology, Ecology and Conservation[M]. Dordrecht (The Netherlands):Springer,2006.

[5]　恽才兴,蒋兴伟.海岸带可持续发展与综合管理[M].北京:海洋出版社,2002.

[6]　国家海洋局.海洋特别保护区分类分级标准(HY/T 117—2010)[S].北京:中国标准出版社出版,2010.

[7]　崔凤,刘变叶.我国海洋自然保护区存在的主要问题及深层原因[J].中国海洋大学学报(社会科学版),2006(2):12-16.

[8]　刘洪滨,刘振.我国海洋保护区现状、存在问题和对策[J].海洋开发与管理,2015(1):36-41.

[9]　吴伟.各国海洋保护区建设现状及启示[J].福建金融,2015(5):40-43.

[10]　周秋麟,周通,张军.海洋自然保护区指南[M].北京:海洋出版社,2008.

[11]　张骥,姚泊,陈南,等.中美两国海洋自然保护区比较[J].海洋开发管理,2007,24(2):77-80.

[12]　刘洪滨,刘康.海洋保护区——概念与应用[M].北京:海洋出版社,2007.

[13]　朱艳.我国海洋保护区建设与管理研究[D].厦门:厦门大学,2009:5-8.

[14]　周珂.环境法[M].北京:中国人民大学出版社,2000:36.

[15]　国家海洋局.中国海洋 21 世纪议程[M].北京:海洋出版社,1996:27-28.

[16]　朱春全.关于建立国家公园体制的思考[J].生物多样性,2014,22(4):418-420.

[17]　韩云池.美国自然保护区情况考察报告[J].山东林业科技,2011(1):99-102.

[18]　许学工.加拿大的保护区系统[J].生态学杂志,2000,19(6):69-74.

[19]　诸葛仁,Terry De Lacy.澳大利亚自然保护区系统与管理[J].世界环境,2001(2):37-39.

[20]　田贵全.德国的自然保护区建设[J].世界环境,1999(3):31-34.

[21]　魏永久,郭子良,崔国发.国内外保护区生物多样性保护价值评价方法研究进展[J].世界林业

研究,2014,27(5):37-43.

[22] 刘映杉.国外主要国家保护区分类体系与管理措施[J].现代农业科技,2012(7):224-228.

[23] 孙新章,谢高地,张其仔,等.中国生态补偿的实践及其政策取向[J].资源科学,2006,28(4):1-2.

[24] 卢艳丽,丁四保.国外生态补偿的实践及对我国的借鉴与启示[J].世界地理研究,2009,18(3):161-168.

[25] 杨佩国.潮白河流域生态补偿机制研究[D].北京:中国科学院研究生院,2007:8.

[26] 闵庆文,甄霖,杨光梅.自然保护区生态补偿研究与实践进展[J].生态与农村环境学报,2007,23(1):81-84.

[27] 李文华,李芬,李世东,等.森林生态效益补偿的研究现状与展望[J].自然资源学报,2006,21(5):677-687.

[28] 杨光梅,闵庆文,李文华,等.我国生态补偿研究中的科学问题[J].生态学报,2007,27(10):4289-4300.

[29] 李坤,陈艳霞,陈丽娟,等.国内自然保护区生态补偿机制研究进展[J].黑龙江农业科学,2011(3):133-136.

[30] 韩念勇.中国自然保护区可持续管理政策研究[J].自然资源学报,2000,15(3):201-207.

[31] Alexander N James.Institutional constraints to protected area funding[J].Parks,1999,2(19):15-26.

[32] 薛达元,蒋明康,吴小敏,等.中国自然保护区投资现状及其分析[J].农村生态环境,1995,11(3):56-59.

[33] 中国生态补偿机制与政策课题组.中国生态补偿机制与政策研究[M].北京:科学出版社,2007:252.

[34] 李果,罗遵兰,赵志平,等.自然保护区生态补偿体系研究[J].环境与可持续发展,2015(2):52-56.

[35] 中国生态补偿机制与政策课题组.中国生态补偿机制与政策研究[M].北京:科学出版社,2007:261.

[36] 洪尚群,吴晓青,段昌群,等.补偿途径和方式多样化是生态补偿基础和保障[J].环境科学与技术,2001,(S2):40-42.

[37] 中国生态补偿机制与政策研究课题组.中国生态补偿机制与政策研究[M].北京:科学出版社,2007:256.

[38] 吴晓青,陀正阳,杨春明,等.我国保护区生态补偿机制的探讨[J].国土资源科技管理,2002,19

（2）：18-21.

[39] 陈传明.福建武夷山国家级自然保护区生态补偿机制研究[J].地理科学,2011,31（5）：594-599.

[40] 王雅敬,谢炳庚,李晓青,等.公益林保护区生态补偿标准与补偿方式[J].应用生态学报,27（6）：1893-1900.

[41] 戴其文.广西猫儿山自然保护区生态补偿标准与补偿方式[J].生态学报,2014,34（17）：5115-5123.

[42] 王亮.基于生态足迹变化的盐城丹顶鹤自然保护区生态补偿定量研究[J].水土保持研究,2011,18（3）：272-280.

[43] 龚亚珍,韩炜,Michael Bennett,等.基于选择实验法的湿地保护区生态补偿政策研究[J].自然资源学报,2016,31（2）：241-251.

[44] 魏晓燕,毛旭锋,夏建新.自然保护区移民生态补偿定量研究-以内蒙古乌拉特国家级自然保护区为例[J].林业科学,2013（13）：157-163.

[45] 毛显强,钟瑜,张胜.生态补偿理论探讨[J].中国人口·资源与环境,2002（4）：38-41.

[46] 中国生态补偿机制与政策研究课题组.中国生态补偿机制与政策研究[M].北京:科学出版社,2007:258-259.

[47] Duelli P,Obrist M K.Regional biodiversity in an agricultural landscape:The contribution of seminatural habitats[J].Basic and Applied Ecology,2003,4:129-138.

[48] Eva K,David K,Felix H,et al.Effectiveness of the Swiss agri-environment scheme in promoting biodiversity[J].Journal of Applied Ecology,2006,43:120.

[49] 包玉华,闫雪.自然保护区生态补偿立法探析[J].北方经贸,2015（5）：112-118.

[50] 黄梨.雷公山自然保护区森林生态补偿研究[D].贵阳:贵州大学,2015.

[51] 李炜.大小兴安岭生态功能区建设生态补偿机制研究[D].哈尔滨:东北林业大学,2012.

[52] 薄其皇.基于机会成本的森林生态补偿标准研究[D].杨凌:西北农林科技大学,2015.

[53] 广东省林业厅.完善森林生态效益补偿机制推动幸福广东建设[EB/OL].（2012-01-31）http://www.forestry.gov.cn/portal/main/s/102/content-524038.html.

[54] 周子贵,汪永红,夏淑芳,等.浙江省生态公益林分类补偿初探[J].浙江林业科技,2014,05：72-77.

[55] 孙博,谢屹,温亚利.中国湿地生态补偿机制研究进展[J].湿地科学,2016,14（1）：89-96.

[56] 邓培雁,刘威,曾宝强.湿地退化的外部性成因及其生态补偿建议[J].生态经济,2009（3）：148-155.

［57］ 刘公云.论美国湿地生态补偿法律机制对我国的启示［D］.济南:山东师范大学,2014.

［58］ 钟瑜,张胜.退田还湖生态补偿机制研究:以鄱阳湖区为例［J］.中国人口资源与环境,2002
(12):46-50.

［59］ 梅宏,李剑.黄河三角洲湿地生态系统保护法律问题与对策［J］.湿地科学与管理,2010,6(4):
34-37.

［60］ 肖南娇,罗勇.江西袁河流域生态补偿机制研究［J］.江西科学,2015,33(6):870-872.

［61］ 王钦敏.建立补偿机制 保护生态环境［J］.求是,2004(13):55-56.

［62］ 杨佩国.潮白河流域生态补偿机制研究［D］.北京:中国科学院研究生院,2007:17.

［63］ 周雪玲,李耀初.国内外流域生态补偿研究进展.生态经济(学术版),2010,311-313.

［64］ 中国生态补偿机制与政策研究课题组.中国生态补偿机制与政策研究［M］.北京:科学出版社,
2007:128.

［65］ 赵玉山,朱桂香.国外流域生态补偿的实践模式及对中国的借鉴意义［J］.2008(4):14-17.

［66］ 郑海霞.中国流域生态服务补偿机制与政策研究［D］.北京:中国农业科学院,2006:19-24.

［67］ 庄国泰,高鹏,王学军.中国生态环境补偿费的理论与实践［J］.中国环境科学,1995,15(6):
413-418.

［68］ 程滨,田仁生,董战峰.我国流域生态补偿标准实践:模式与评价［J］.生态经济,2012,4:24-29.

［69］ Muradian, Corbera, Pascual, Kosoy, May. Reconciling theory and practice: an alternative conceptual
framework for understanding payments for environmental services［J］.Ecological Economics.2010,69
(6):1202-1208.

［70］ Arrow, Daily, Dasgupta, Levin, Maler. Managing ecosystem resources［J］.Environmental Science &
Technology.2000,34(8):1401-1406.

［71］ van Noordwijk, Leimona.Principles for fairness and effciency in enhancing environmental services in
Asia:payments, compensation, or coinvestment?［J］.Ecology and Society.2010,15(4):17-35.

［72］ 马洪超,王宏,易崇艳.我国耕地占用生态补偿机制研究［J］.生态经济.2013,3:72-76.

［73］ 马爱慧.耕地生态补偿及空间效益转移研究［D］.华中农业大学,2011.

［74］ 方斌,王雪禅,魏巧巧.以土地利用为视角的农田生态补偿理论框架构建［J］.东北农业大学学
报.2013,44(2):98-104.

［75］ 岳冬冬,王鲁民.稻鱼共生系统的低碳渔业生态补偿研究［J］.福建农业学报.2013,28(4):
392-396.

［76］ Limburg K E,Folke C.The ecology of ecosystem services:Introduction to the special issue［J］.Eco-
logical Economics,1999,29(2):179-182.

[77] Ehrlich P,Ehrlich A.Population,Resource Rnvironment:issues in Human Ecology.[M].San Francisco:W.H.Freeman,1970:27-30.

[78] Westman W E.How much are nature's service worth? [J].Science,1977,197:960-964.

[79] Ehrlich P H,Mooney H A.Extinction Substitution and Ecosystem Services[J].Bioscience,1983:33.

[80] IUCN.Protected Area Economics and Policy[M].Cambridge:Cambridge University Press,1994,151-157.

[81] McNeely JA.Economic incentives for conserving:lessons for Africa [J].Ambio,1993,22(2/3):144-150.

[82] Daily G C.Nature's Service:Societal Dependence on Natural Ecosystems[M].Washington DC:Island Press,1997:7.

[83] Costanza R,d'Arge R,de Groot RS,et al.The value of the world's ecosystem services and natural capital[J].Nature,1997,387:253-260.

[84] 许国平.全球生态系统提供的服务和自然资源之价值[J].世界科学,1997(7):2-5.

[85] 刘晓荻.生态系统服务[J].环境导报,1998(1):44-45.

[86] 王乃粒.从生物圈寻求经济回报[J].世界科学,1998,9:32-34.

[87] Daily G,Dasgupta S.Ecosystem services,concept of [J].Encyclopedia of Biodiversity,2001,16:353-362.

[88] Stephen CF,Costanza,R,Matthew AW.Economic and ecological concepts for valuing ecosystem services[J].Ecological Economics,2002,41:375-392.

[89] Romano L,Scuteri A,Mandolfino,et al.Current Status and Future Prospects for the Assessment of Marine and Coastal Ecosystem Services:A Systematic Review[J].Plos One,2013,8(7):1-15.

[90] World Resource Institute.Pilot Analysis of Global Ecosystems:Coastal Ecosystems [M].Washington DC:WRI Publication,2001:3.

[91] Costello M J,Coll M,Danovaro R,et al.A census of marine biodiversity knowledge,resources,and future challenges [J].PLoS.One,2010,5(8):e12110.

[92] Food and Agriculture Organization of the United Nations.The state of World Fisheries and Aquaculture:opportunities and challenges [M].Rome:FAO Press,2014:45-46.

[93] Millennium Ecosystem Assessment.Ecosystems and Human Well-Being:Synthesis[M].Washington DC:Island Press,2005:32.

[94] Roessig J M,Woodley C M,Joesph J C,et al.Effects of global climate change on marine and estuarine fishes and fisheries[J].Reviews in Fish Biology and Fisheries,2005,14:251-275.

[95] United Nations Environment Programme.The environmental food crisis-the environment's role in a verting future food crises[M].Nairobi:UNEP,2009:37.

[96] Cairns J.Protecting the delivery of ecosystem service[J].Ecosystem Health,1997,3(3):185-194.

[97] de Groot RS,Alkemade R,Braat L,et al.Challenges in integrating the concept of ecosystem services and values in landscape planning, management and decision making[J].Ecological Complexity, 2010,7:260-272.

[98] Beaumont N J,Austen M C,Atkins J P,et al.Identification,definition and quantification of goods and services provided by marine biodiversity:Implications for the ecosystem approach[J].Marine Pollution Bulletin,2007,54(3):254-265.

[99] Atkins J P,Burdon D,Elliott M,et al.Management of the marine environment:Integrating ecosystem services and societal benefits with the DPSIR framework in a systems approach[J].Marine Pollution Bulletin,2011,62:215-226.

[100] Cardinale B J,Duffy J E,Gonzalez A,et al.Biodiversity loss and its impact on humanity[J].Nature, 2012,486（7401）:59-67.

[101] The Economics of Ecosystems and Biodiversity.The Economics of Ecosystems and Biodiversity:Ecological and Economic Foundations [M].London andWashington:Earthscan,2008:235-246.

[102] 陈尚,张朝晖,马艳,等.我国海洋生态系统服务功能及其价值评估研究计划[J].地球科学进展,2006,21(11):1127-1133.

[103] 张朝晖,石洪华,姜振波,等.海洋生态系统服务的来源与实现.生态学杂志,2006,25(12):1574-1579.

[104] 张朝晖,周骏,吕吉斌,等.海洋生态系统服务的内涵与特点[J].海洋环境科学,2007,26(3):260-263.

[105] Wallace K J.Classification of ecosystem services:Problems and solutions[J].Biological Conservation, 2008,141:235-246.

[106] Fisher B,Turner R K,Morling P.Defining and classifying ecosystem services for decision making[J].Ecological Economics,2009,68:643-653.

[107] Atkins J P,Burdon D,Elliott M,et al.Management of the marine environment:Integrating ecosystem services and societal benefits with the DPSIR framework in a systems approach[J].Marine Pollution Bulletin,2011,62:215-226.

[108] Peterson C H,Lubchenco J.Marine ecosystem services[M].Washington DC:Island Press,1997:177-194.

[109] Barbier E B.Valuing ecosystem services as productive inputs[J].Economic Policy,2007,22 (49):
177-229.

[110] Böhnke-Henrichs A,de Groot R,Baulcomb C,et al.Typology and indicators of ecosystem services
for marine spatial planning and management[J].Journal of Environmental Management,2013,130:
135-145.

[111] de Groot R S,Alkemade R,Braat L,et al.Challenges in integrating the concept of ecosystem services
and values in landscape planning,management and decision making[J].Ecological Complexity,
2010,7:260-272.

[112] Caroline H,Jonathan P,Atkins N B,et al.Marine ecosystem services:Linking indicators to their
classification[J].Ecological Indicators,2015,49:61-75.

[113] Boyd J,Banzhaf S.What are ecosystem services? The need for standardized environmental
accounting units[J].Ecological Economics.2007,63:616-626.

[114] 石洪华,郑伟,陈尚,等.海洋生态系统服务功能及其价值评估研究[J].生态经济,2007,3:
139-142.

[115] 徐丛春,韩增林.海洋生态系统服务价值的估算框架构筑[J].生态经济,2003,3:199-202.

[116] 王其翔,唐学玺.海洋生态系统服务的内涵与分类[J].海洋环境科学,2010,1:131-138.

[117] Millenniam Ecosystem Assessment Group.Ecosystems and human well-being:A framework for as-
sessment[M].Washington:Island Press,2003.

[118] Brendan F R,Kerry T,Paul M.Defining and classifying ecosystem services for decision making[J].
Ecological Economics,2009,68:643-653.

[119] Haines-Young R H,Potschin M P.The links between biodiversity,ecosystem services and human
well-being [M].Cambridge:Cambridge University Press,2010,110-139.

[120] Costanza R.The ecological,economic,and social importance of the oceans [J].Ecological
Economics,1999,31:199-213.

[121] Lopes R,Videira N.Valuing marine and coastal ecosystem services:An integrated participatory
framework[J].Ocean & Coastal Management,2013,84:153-162.

[122] The National Academy of Sciences.Valuing ecosystem services:Toward better environmental
decision making[M].Washington,DC:National Academies Press,2004:3.

[123] Hay P.Main Currents in Western Environmental Thought[M].Sydney:University of New South
Wales Press,2002:43-45.

[124] Barbier E B.Progress and challenges in valuing coastal and marine ecosystem services[J].Review of

Environmental Economics and Policy,2012,6:1-19.

[125] Folke C,Hammer M, Jansson A M.Life-support value of ecosystems:a case study of the Baltic Sea Region[J].Ecological Economics, 1991,3(2):123-137.

[126] Martinez-Harms M J,Bryan B A,Balvanera,et al.Making decisions for managing ecosystem services [J].Biological Conservation,2015,184:229-238.

[127] Gutiérrez D,Akester M,Naranjo L.Productivity and Sustainable Management of the Humboldt Current Large Marine Ecosystem under Climate Change[J].Environmental Develepment,2015,10:324-338.

[128] Donata M C,Andrea G,Paulo A L D,et al.Estimating the value of carbon sequestration ecosystem services in the Mediterranean Sea:An ecological economics approach[J].Global Environmental Change,2015,32:87-95.

[129] Albert J A,Andrew DOld,Albert S,et al.Reaping the reef:Provisioning services from coral reefs in Solomon Islands[J].Marine Policy,2015,62:244-251.

[130] 陈仲新,张新时.中国生态系统效益的价值[J].科学通报,2000,45(1):17-22.

[131] Kira G,Benjamin B.Cultural ecosystem services in the context of offshore wind farming:A case study from the west coast of Schleswig-Holstein[J].Ecological Complexity,2010,7(2):349-358.

[132] de Juan S,Gelcich S,Ospina-Alvarez A,et al.Applying an ecosystem service approach to unravel links between ecosystems and society in the coast of central Chile[J].Science of The Total Environment,2015,533(15):122-132.

[133] Glenn-Marie L,Narriman J.Economic value of marine ecosystem services in Zanzibar:Implications for marine conservation and sustainable development[J].Ocean & Coastal Management,2009,52(10):521-532.

[134] Pierre F,Élise P,Thomas B,et al.Valuation of marine and coastal ecosystem services as a tool for conservation:The case of Martinique in the Caribbean[J].Ecosystem Services,2015,15:67-75.

[135] 程飞,纪雅宁,李倨莹,等.象山港海湾生态系统服务价值评估[J].应用海洋学学报,2014,33(2):222-22.

[136] Zheng W,Shi H H,Chen S,et al.Benefit and cost analysis of mariculture based on ecosystem services[J].Ecological Economics,2009,68:1626-1632.

[137] 秦传新,陈丕茂,贾晓平.人工鱼礁构建对海洋生态系统服务价值的影响———以深圳杨梅坑人工鱼礁区为例[J].应用生态学报,2011,22(8):2160-2166.

[138] Jobstvogt N,Hanley N,Hynes S,et al.Twenty thousand sterling under the sea:Estimating the value

of protecting deep-sea biodiversity[J].Ecological Economics,2014,97:10-19.

[139] Holmlund C M,Monica H.Effects of fish stocking on ecosystem services:An overview and case study using the stock-holm archipelago[J].Environmental Management,2004,33(6):799-820.

[140] Bradley B W,Patrik R,John M.Kovacs,et al.Ethnobiology,socio-economics and management of mangrove forests:A review[J].Aquatic Botany,2008,89:220-236.

[141] Badola R,Hussain S A.Valuing ecosystems functions:An empirical study on the storm protection function of Bhitarkanika mangrove ecosystem, India [J]. Environmental Conservation, 2005, 32 (1):85-92.

[142] Saudamini D,Vincent J R.Mangroves protected villages and reduced death toll during Indian super cyclone[J].Proceedings of the National Academy of Sciences,2009,106 (40):7357-7360.

[143] Huxham M,Emerton L,Kairo J,et al.Applying Climate Compatible Development and economic valuation to coastal management: A case study of Kenya´s mangrove forests [J]. Journal of Environmental Management,2015,157:167-181.

[144] Claudia K,Vo Quoc T.Assessing the ecosystem services value of Can Gio Mangrove Biosphere Reserve: Combining earth - observation - and household - survey - based analyses [J]. Applied Geography,2013,45:167-184.

[145] Brander L M,Wagtendonk A J,Hussain S S,et al.Ecosystem service values for mangroves in Southeast Asia:A meta-analysis and value transfer application[J].Ecosystem Services,2012,1(1):62-69.

[146] Tuan Vo Q,Kuenzer C,Minh Vo Q,et al.Review of valuation methods for mangrove ecosystem services[J].Ecological Indicators,2012,23:431-446.

[147] Wilkinson C R.Global change and coral reefs:impacts on reefs,economies and human cultures[J].Global Change Biology,1999,2:547-558.

[148] Sorada T,Asafu-Adjaye J.Estimating the economic benefit of scuba diving in the Similan Islands,Thailand[J].Coastal Management,2008,36 (5):431-42.

[149] Rodwell L D,Edward B B,Callum M R,et al.A model of tropical marine reserve-fishery linkages [J].Natural Resource Modeling,2002,15 (4):453-486.

[150] Cesar,H S J,van Beukering P J H.Economic valuation of the coral reefs of Hawaii[J].Pacific Science,2004,58 (2):231-42.

[151] Zeller D S B,Pauly D.Fisheries contributions to the gross domestic product:Underestimating small-scale fisheries in the Pacific [J].Marine Resource Economics,2007,21 (4):355-74.

[152] White A T,Vogt H P,Arin T.Philippine coral reefs under threat:The economic losses caused by reef destruction[J].Marine Pollution Bulletin,2000,40(7):598-605.

[153] Zhang J,Smith M D.Estimation of a generalized fishery model:A two-stage approach[J].Review of Economics and Statistics,2011,93(2):690-99.

[154] Sadovy Y J,Vincent A C J,Sale P F.Ecological issues and the trades in live reef fishes[M].San Diego:Academic Press,2002:391-420.

[155] Mathieu L F,Ian H L,Wendy K.Valuing marine parks in a developing country:A case study of the Seychelles[J].Environment and Development Economics,2003,8:373-90.

[156] Wilkinson C O,Cesar L H,Hodgson G,et al.Ecological and socioeconomic impacts of 1998 coral mortality in the Indian Ocean:An ENSO impact and a warning of future change?[J]Ambio,1999,28(2):188-96.

[157] Tseng W C,Hsu S H,Chen C C.Estimating the willingness to pay to protect coral reefs from potential damage caused by climate change-The evidence from Taiwan[J].Marine Pollution Bulletin,2015,101(2):556-565.

[158] Unsworth R K F,van Keulen M,Coles R G.Seagrass meadows in a globally changing environment[J].Marine.Pollution Bullet,2014,83(2):383-386.

[159] Ondiviela B,Losada I J,Lara J L,et al.The role of seagrasses in coastal protection in a changing climate[J].Coastal Engineering,2014,87:158-168.

[160] Campagne C S,Jean-Michel S,Pierre B,et al.The seagrass Posidonia oceanica:Ecosystem services identification and economic evaluation of goods and benefits[J].Marine Pollution Bulletin,2015,97:391-400.

[161] Fernando T,Ricardo H,Fernando E.Economic assessment of ecosystem services:Monetary value of seagrass meadows for coastal fisheries[J].Ocean & Coastal Management,2014,96:181-187.

[162] 韩秋影,黄小平,施平,等.广西合浦海草床生态系统服务功能价值评估[J].海洋通报,2007,26(3):33-38.

[163] Ventín L B,Jesús de S T,Sebastián V.Towards adaptive management of the natural capital:Disentangling trade-offs among marine activities and seagrass meadows[J].Marine Pollution Bulletin,2015,101:29-38.

[164] Tobias B,Nicola J B,Linwood P,et al.Incorporating ecosystem services in marine planning:The role of valuation[J].Marine Policy,2014,46:161-170.

[165] Castaño-Isaza J,Newball R,Roach B,et al.Valuing beaches to develop payment for ecosystem serv-

ices schemes in Colombia's Seaflower marine protected area[J].Ecosystem Services,2015,11: 22-31.

[166] Luisetti T,Turner R K,Jickells T,et al.Coastal Zone Ecosystem Services:From science to values and decision making:a case study[J].Science of the Total Environment.2014,493:682-693.

[167] Sun X,Li Y F,Zhu X D,et al.Integrative assessment and management implications on ecosystem services loss of coastal wetlands due to reclamation[J].Journal of Cleaner Production,2015,163: S101-S112.

[168] Rao H H,Lin C C,Hao Kong,et al.Ecological damage compensation for coastal sea area uses.Ecological Indicators.2014,38:149-158.

[169] Cai M F,Li K M.Economic Losses From Marine Pollution Adjacent to Pearl River Estuary,China [J].Procedia Engineering,2011,18:43-52.

[170] 连娉婷,陈伟琪.填海造地海洋生态补偿利益相关方的初步探讨[J].生态经济,2012,4: 167-171.

[171] 乔延龙.天津围填海工程海洋生态损害价值评估指标的初探[J].港口经济,2015,8:47-49.

[172] 冯友建,楼颖霞.围填海生态资源损害补偿价格评估方法探讨研究[J].海洋开发与管理, 2015,7:33-39.

[173] Kelleher G,Kenchington R.Guidelines for Establishing Marine Protected Areas.Gland:IUCN, 1992:79.

[174] Christie P,White A T.Best practices for improved governance of coral reef marine protected areas [J].Coral Reefs,2007,26:1047-1056.

[175] Roberts C M,Branch G,Bustamante R H,et al.Application of ecological criteriain selecting marine reserves and developing reserve networks[J].Ecological Applications,2003,13(1):S215-S228.

[176] Tavis P,Daryl B,Emma J,et al.Do marine protected areas deliver flows of ecosystem services to support human welfare? [J].Marine policy,2014,44:139-148.

[177] Rees S E,Mangi S C,Hattam C,et al.Uses of ecosystem services provided by MPAs:How much do they impact the local economy? A southern Europe perspective[J].Journal for Nature Conservation, 2008,16(4):256-270.

[178] Tavis P,Emma J,Daryl B,et al.Marine Protected Areas and Ecosystem Services-Linking Conservation and Human Welfare? [R]Valuing Network:Coastal Management Group,2013.

[179] Jobstvogt N,Watson V,O Kenter J.Looking below the surface:The cultural ecosystem service values of UK marine protected areas (MPAs)[J].Ecosystem Services,2014,97-110.

［180］ Hussain S S,Winrow-Giffin A,Moran D,et al.An ex ante ecological economic assessment of the benefits arising from marine protected areas designation in the UK［J］.Ecological Economics,2010, 69:828-838.

［181］ Michael C,Kyriaki R,Ewa S,et al.Valuing marine and coastal ecosystem service benefits:Case study of St Vincent and the Grenadines' proposed marine protected areas ［J］.Ecosystem Services, 2015,11:115-127.

［182］ Börger T,Hattam C,Burdon D,et al.Valuing conservation benefits of an offshore marine protected area［J］.Ecological Economics,2014,108:229-241.

［183］ Nicolas R,Frederique A,Eric C,et al.Uses of ecosystem services provided by MPAs:How much do they impact the local economy? A southern Europe perspective［J］.Journal for Nature Conservation, 2008,16:256-270.

［184］ Rees S E,Mangi S C,Hattam C,et al.The socio-economic effects of a Marine Protected Area on the ecosystem service of leisure and recreation［J］.Marine Policy,2015,62:144-152.

［185］ 刘星,叶属峰,尤胜炮.南麂列岛国家级海洋自然保护区的旅游价值评估［J］.海洋开发与管理,2006,23(5):133-135.

［186］ Han Q Y,Huang X P,Shi P,et al.Seagrass Bed Ecosystem Service Valuation— A Case Research on Hepu Seagrass Bed in Guangxi Province［J］.Marine Science Bulletin,2008,10(1):88-95.

［187］ Jean-Baptiste M,Olivier T,Sean P,et al.The use of ecosystem services valuation in Australian coastal zone management［J］.Marine Policy,2015,56:117-124.

［188］ 国家海洋局.海洋生态资本评估技术导则(GB/T 28058-2011)［S］.2011.

［189］ 于立生.我国政府运行成本过高的原因与对策［J］.东南学术,2010,2:53-60.

［190］ 王昌海,温亚利,李强,等.秦岭自然保护区群保护成本计量研究［J］.中国人口·资源与环境,2012,3(22):130-136.

［191］ 国家海洋局.国家级海洋保护区规范化建设与管理指南［Z］.北京,2014-10-20.

［192］ 陈桂珠,兰竹虹,邓培雁.中国湿地专题报告［R］.广州:中山大学出版社,2005.

［193］ 任海,刘庆,李凌浩.恢复生态学导论［M］.北京:科学出版社,2008.

［194］ 王辛莉.海南东寨港国家级自然保护区修复3000亩红树林［EB/OL］.［2015-01-22]中国新闻网.http://www.chinadaily.com.cn/hqgj/jryw/2015-01-22/content_13089860.html.

［195］ Wilkinson C R.Status of coral reefs of the world:2008［M］.Global Coral Reef Monitoring Network and Reef and Rainforst Research Centre,Townsville,Austrilia,2008.

［196］ 沈慧.经济日报:海南三亚珊瑚礁国家级自然保护区加强保护管理和生态修复,只为——留住

珊瑚美丽家园［EB/OL］.［2015-10-21］.http://www.soa.gov.cn/xw/ztbd/ztbd_2015/2015hjwlx/2015hjwlx_sy/201510/t20151021_48641.html.

［197］ 许战洲,罗勇,朱艾嘉,等.海草床生态系统的退化及其恢复［J］.生态学杂志,2009,28(12):2613-2618.

［198］ Meehan A J,West R J.Experimental transplanting of Posidonia australis seagrass in Port Hacking,Australia,to assess the feasibility of restoration［J］.Marine Pollution Bulletin,2002,44:25-31.

［199］ Phillips R C,Peter M C.Seagrass Research Methods［M］.Paris:United National Educational Scientific and Culture Organization,1990,51-54.

［200］ Pickerell C H,Schott S,Sandy W E.Buoy-deployed seeding:Demonstration of a new eelgrass(Zostera marina L.)planting method［J］.Ecological Engineering,2005,25:127-136.

［201］ Orth R J,Marion S R,Granger S,et al.Evaluation of a mechanical seed planter for transplanting Zostera marina(eelgrass)seeds［J］.Aquatic Botany,2008,1-5.

［202］ Moore K A,Orth R J,Nowak J F.Environmental regulation of seed germination in Zostera marina L.(eelgrass)in Chesapeake Bay:Effects of light,oxygen and sediment burial［J］.Aquatic Botany,1993,45:79-91.

［203］ Harwell M C,Orth R J.Eelgrass(Zostera marina L.)seed protection for field experiments and implications for large-scale restoration［J］.Aquatic Botany,1999,64:51-61.

［204］ 李森,范航清,邱广龙,等.海草床恢复研究进展［J］.生态学报,2010,30(9):2443-2453.

［205］ Harrison P G.Variations in success of eelgrass transplants over a five year period［J］.Environmental Conservation,1990,17(2):157-163.

［206］ Paling E I,van Keulen M,Karen Wheeler,et al.Mechanical seagrass transplantation in Western Australia［J］.Ecological Engineering,2001,16:331-339.

［207］ Paling E I,van Keulen M,Karen Wheeler,et al.Improving mechanical seagrass transplantation［J］.Ecological Engineering,2001,18:107-113.

［208］ Orth R J,Harwell M C,Fishman J R.A rapid and simple method for transplanting eelgrass using single,unanchored shoots［J］.Aquatic Botany,1999(64):77-85.

［209］ Davis R C,Short F T.Restoring eelgrass,Zostera marina L.,habitat using a new transplanting technique:The horizontal rhizome method［J］.Aquatic Botany,1997,59:1-15.

［210］ 赵海涛,张亦飞,郝春玲,等.人工鱼礁的投放区选址和礁体设计［J］.海洋学研究,2006,24(4):69-76.

［211］ 刘燕妮.基于机会成本的生态补偿标准研究——以佛冈为例［J］.广州:暨南大学,2013.

[212] 赵翠薇,王世杰.生态补偿效益、标准——国际经验及对我国的启示[J].地理研究,2010,29(4):597-606.

[213] 张乐勤,荣慧芳.条件价值法和机会成本法在小流域生态补偿标准估算中的应用[J].水土保持通报,2012,32(4):158-163.

[214] 毛占锋,王亚平.跨流域调水水源地生态补偿定量标准研究[J].湖南工程学院学报,2008,18(2):15-18.

[215] 陈淑芳,彭莹莹.基于机会成本的洞庭湖湿地退田还湖生态补偿标准[J].怀化学院学报,2015,34(11):90-93.

[216] 李晓光,苗鸿,郑华,等.生态补偿标准确定的主要方法及其应用[J].生态学报,2009,29(8):4431-4440.

[217] 熊鹰,王克林.洞庭湖区湿地恢复的生态补偿效应评估[J].地理学报,2004,59(5):772-780.

[218] 李彩红.水源地生态保护成本核算与外溢效益评估研究——基于生态补偿的视角[D].泰安:山东农业大学,2014.

[219] 代明,刘燕妮,陈罗俊.基于主体功能区划和机会成本的生态补偿标准分析[J].自然资源学报,2013,28(8):1310-1317.

[220] 郑海霞,张陆彪.流域生态服务补偿定量标准研究[J].环境保护,2006(01):42-46.

[221] 江中文.南水北调中线工程汉江流域水源保护区生态补偿标准与机制研究[D].西安:西安建筑科技大学,2008.

[222] 秦艳红,康慕谊.基于机会成本的农户参与生态建设的补偿标准[J].中国人口·资源与环境,2011,21(12):65-68.

[223] 薄玉洁.水源地生态补偿标准研究——以大汶河流域为例[D].泰安:山东农业大学,2012.

[224] 李彩红.水源地生态补偿标准核算研究[J].济南大学学报(社会科学版),2012,22(4):58-61,92.

[225] Mitchell R C,Carson R T.Using serveys to value public goods:The contingent valuation method[M].Washington D C:Resource for the Future,1989:17-52.

[226] 董雪旺,张捷,刘传华,等.条件价值法中的偏差分析及信度和效度检验——以九寨沟游憩价值评估为例[M].地理学报,2011,66(2):267-278.

[227] 周颖,周清波,周旭英,等.意愿价值评估法应用于农业生态补偿研究进展[M].生态学报,2015,35(24):7955-7964.

[228] 王玺婧.西藏羌塘自然保护区生物多样性非使用价值评估[D].北京:北京林业大学,2012.

[229] 姜昊.基于CVM的耕地非市场价值评估研究——以江苏省涟水县为例[D].北京:中国农业科

学院研究生院,2009,21.

[230] 宋科,李梦娜,蔡惠文,等.条件价值评估法理论基础、引导技术及数据处理[J].可持续发展,
2012,(2):74-79.

[231] 刘建林,张浩明,朱记伟.基于混合策略 Nash 均衡的商洛水源地补偿研究[J].人民黄河,2011,
9:38-40.

[232] 于富昌.水源地生态补偿主体界定及其博弈分析[D].泰安:山东农业大学,2013.

[233] 王瑞雪.耕地非市场价值评估理论方法与实践[D].武汉:华中农业大学,2005,47-49.

[234] 周敬玫,黄德林.自然保护区生态补偿的理论与实践探析[J].理论与实践,2007,12:92-94.

[235] 陈艳霞.深圳福田红树林自然保护区生态系统服务功能价值评估及其生态补偿机制研究[D].
福州:福建师范大学,2012

[236] 陈传明.自然保护区生态补偿的利益相关者研究——以福建天宝岩国家级自然保护区为例
[J].资源开发与市场,2013,29(6):610-614.

[237] 秦玉才,汪劲.中国生态补偿立法——路在前方[M].北京:北京大学出版社,2013,36.

[238] 秦玉才,汪劲.中国生态补偿立法——路在前方[M].北京:北京大学出版社,2013,269.

[239] 邱婧,涂建军,王素芳,等.自然保护区生态移民补偿标准探讨:以重庆缙云山自然保护区为例
[J].贵州农业科学,2009,37(5):163-165.

[240] 沈海翠.海洋生态补偿的财政实现机制研究[D].青岛:中国海洋大学,2013.